U0170062

地下综合管廊设计指南—— 以雄安新区工程为例

李永斌　李洋洋　吴东平　许天会　主　编

中国建材工业出版社

北　京

图书在版编目（CIP）数据

地下综合管廊设计指南：以雄安新区工程为例/李
永斌等主编．--北京：中国建材工业出版社，2024.2
ISBN 978-7-5160-3871-0

Ⅰ.①地…　Ⅱ.①李…　Ⅲ.①地下管道－建筑设计－
雄安新区－指南　Ⅳ.①TU990.3-62

中国国家版本馆 CIP 数据核字（2023）第 215084 号

地下综合管廊设计指南——以雄安新区工程为例
DIXIA ZONGHE GUANLANG SHEJI ZHINAN——YI XIONGAN XINQU GONGCHENG WEILI
李永斌　李洋洋　吴东平　许天会　主　编
出版发行：中国建材工业出版社
地　　址：北京市海淀区三里河路 11 号
邮　　编：100831
经　　销：全国各地新华书店
印　　刷：北京雁林吉兆印刷有限公司
开　　本：787mm×1092mm　1/16
印　　张：10.5
字　　数：250 千字
版　　次：2024 年 2 月第 1 版
印　　次：2024 年 2 月第 1 次
定　　价：69.80 元

本社网址：www.jccbs.com，微信公众号：zgjcgycbs
请选用正版图书，采购、销售盗版图书属违法行为

编委会

前　　言

随着我国经济高速发展，在新型城镇化与城乡融合发展的背景下，城镇化面临着人口密集、交通堵塞、能源消耗增加等诸多问题，城市空间需求增大与地面空间有限这一矛盾日益突出，有效地开发利用地下空间的需求越来越迫切。在城镇化深入发展的关键时期，合理利用地下空间是完善城市功能、推进智慧城市建设、实现可持续发展的必然选择。

鉴于此，作者及所在公司中交城乡建设规划设计研究院有限公司（简称"中交城建院"）承担了中国交通建设股份有限公司（简称"中国交建"）的重大科研课题"城市地下空间开发规划与运营体系关键技术"的研究工作，以城市地下空间资源为研究对象，从资源评估、规划编制、实施指引、开发运营四个维度，构建了一套"谋—构—建—营"全生命周期的地下空间开发利用技术体系。其中，地下综合管廊为城市地下空间开发建设的主要内容之一，课题以雄安新区地下综合管廊项目为依托，深入研究了地下综合管廊的系统布局及空间布局。

如果把雄安新区比作"人体"，地下综合管廊就是其"动脉"和"神经"，担负着输送介质、能量和传输信息的功能，是重要的基础设施和"生命线"。未来雄安新区将建设数百千米的地下综合管廊，全面推进标准化、高质化、高效化的综合管廊建设。雄安新区致力于打造贯彻落实新发展理念的创新发展示范区，成为新时代高质量发展的全国样板。

雄安新区综合管廊规划建设倡导新思路、智慧化，同时建设任务时间紧迫，规划、设计、施工阶段都在实践中不断完善，相关标准也有待完善。本书的编写以课题研究成果为基础，收集了大量的雄安新区综合管廊设计图纸、专家意见、管线单位意见及施工现场调研资料等，系统研究适应雄安新区综合管廊建设发展和实施特点的设计思路、设计流程、技术要求等关键问题，形成一套行之有效的技术指南。其主要内容包括设计流程、总体设计、结构设计、基坑支护设计、附属工程设计、入廊管线设计、建筑设计、人防设计、造价分析、建筑信息模型（BIM）设计及典型案例简介等。

本书的出版得到了中国交建《城市地下空间开发规划与运营体系关键技术研究》科研项目（合同编号：2020-ZJKJ-10）以及武汉经济技术开发区2022年度"车谷英才计划"行业高端人才（创新类）（编号：20223225-4）项目的资助。中交城建院作为参与雄安新区规划建设的主力军，长期致力于建筑与地下空间、城市管网及管廊设计、城市综合体开发等方面的研究和创新，在地下空间规划建设领域积累了丰富的经验，成功完成了武汉、雄安新区、佛山、抚州、玉林等地的综合管廊工程，技术实力雄厚。

本书编写过程中，得到了中交第二公路勘察设计研究院有限公司、中交集团隧道与地下空间工程技术研发中心的领导和同事的大力支持；参阅了大量的参考文献，在此一并向有关的编写者和资料提供者表示真诚的感谢！

受限于编者的经验与水平，书中难免有不妥之处，恳请广大读者和同行不吝批评和指正。

编　者
2023 年 11 月

目　录

第1章 绪 论

1.1 综合管廊发展现状

综合管廊就是地下城市管道综合走廊，即在城市地下建造一个隧道空间，将电力、通信、燃气、供热、给排水等各种工程管线集于一体，设有专门的检修口、吊装口和监测系统，实施统一规划、统一设计、统一建设和管理，是保障城市运行的重要基础设施和"生命线"。

根据住房城乡建设部 2022 年公布的《中国城乡建设统计年鉴（2021）》，目前我国地下综合管廊长度已达 6706.95km。图 1-1 为 2021 年我国各省（自治区、直辖市）综合管廊长度统计。

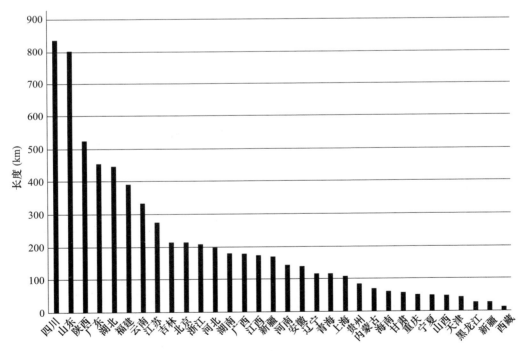

图 1-1　2021 年我国各省（自治区、直辖市）综合管廊长度统计

从图中可以看出，各省（自治区、直辖市）均进行了综合管廊的投资建设，其中四川、山东、陕西等省份投资力度较大，居全国前列。上海、北京和浙江等地综合管廊建设基本完善，四川、山东、广东、湖北和陕西等省份在借鉴前期综合管廊建设经验后，积极推进综合管廊建设。

我国第一条综合管廊（俗称管沟）于 1958 年建造于北京天安门广场下。鉴于天安门有特殊的政治地位，为了避免日后广场被开挖，建造了一条宽 4m、高 3m、埋深 7～8m、长 1km 的综合管廊，收容电力、电信、暖气等管线，至 1977 年在修建毛主席纪念堂时，又建造了相同断面的综合管廊，长约 500m。

天津新客站综合管廊是我国综合管廊的雏形。1990 年，天津市为解决新客站行人、管道与穿越多股铁道问题而兴建长 50m、宽 10m、高 5m 的隧道，同时建设了宽约 2.5m 的综合管廊，用于收容上、下水道和电力、电缆等管线。

1994 年，上海浦东新区张杨路人行道下建造了两条宽 5.9m、高 2.6m、双孔各长 5.6km，共 11.2km 的支管综合管廊，收容燃气、通信、上水、电力等管线，它是我国第一条较具规模并已投入运营的综合管廊。2006 年底，上海的嘉定安亭新镇地区也建成了全长 7.5km 的综合管廊，另外在松江新区也有一条长 1km，集所有管线于一体的综合管廊。此外，为推动上海世博园区新型市政基础设施建设，避免道路开挖带来的污染，提高管线运行使用的绝对安全，创造和谐美丽的园区环境，政府管理部门在园区内规划建设综合管廊，该管廊是目前国内系统最完整、技术最先进、法规最完备、职能定位最明确的一条综合管廊，以城市道路下部空间综合利用为核心，围绕城市市政公用管线布局，对世博园区综合管廊进行了合理布局和优化配置，构筑服务整个世博园区的骨架化综合管廊系统。

2003 年年底，在广州大学城建成了全长 17.4km，断面尺寸为 7m×2.8m 的地下综合管廊，也是迄今为止国内已建成并投入运营，单条距离最长，规模最大的综合管廊。

其他城市如武汉、宁波、深圳、兰州、重庆等大中城市都在积极规划设计和建设地下综合管廊。

1.2　综合管廊的分类

由于功能上的差别和入廊管线种类及数量上的差异，综合管廊通常分为干线、支线和缆线三类，不同类型的综合管廊的特征见表 1-1。

表 1-1　综合管廊的分类及特征

种类	图例	主要特征
干线综合管廊		①处在输送原站和支线综合管廊之间的骨干综合管廊，通常情况下不会直接服务需求方； ②入廊管道类型：给水、通信、电力、燃气和热力等的市政主干管线，结合不同地方不同需求，可考虑把污水管或雨水管纳入其中； ③位置：设置于机动车道或道路中央下方； ④主要特点：埋深较深、截面尺寸大、运行稳定、内部空间布局紧凑、输送量大、安全系数高、管理运营及维护比较简单、可直接服务大客户等

续表

种类	图例	主要特征
支线综合管廊	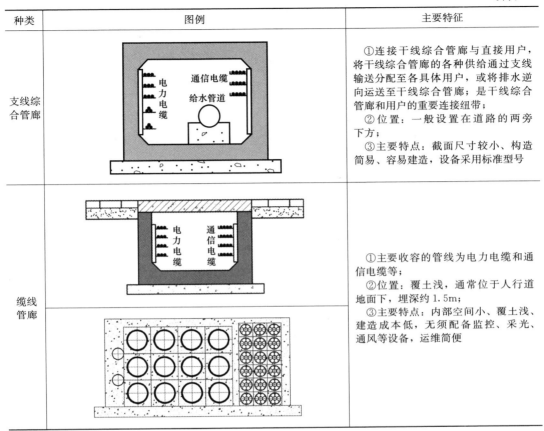	①连接干线综合管廊与直接用户,将干线综合管廊的各种供给通过支线输送分配至各具体用户,或将排水逆向运送至干线综合管廊;是干线综合管廊和用户的重要连接纽带; ②位置:一般设置在道路的两旁下方; ③主要特点:截面尺寸较小、构造简易、容易建造,设备采用标准型号
缆线管廊		①主要收容的管线为电力电缆和通信电缆等; ②位置:覆土浅,通常位于人行道地面下,埋深约1.5m; ③主要特点:内部空间小、覆土浅、建造成本低,无须配备监控、采光、通风等设备,运维简便

注:部分地区将组合排管纳入缆线管廊范畴。

1.3 综合管廊的优缺点

地下空间集约化利用、减少管线运行与维护事故、降低道路重复开挖对交通的影响是城市综合管廊的优势,但其建设投资庞大、施工期长、多部门多专业协调难等缺点也较为显著。综合管廊的优缺点见表1-2。

表1-2 综合管廊优缺点情况一览表

优点	缺点
①重复开挖次数减少或基本没有,大大缓解拥堵,提升城市交通运行效率和城市形象; ②所占地下空间资源大大减少; ③道路反复开挖明显减少,道路服务期限得到有效保障,所带来的经济效益明显增加; ④便于管线检修、运维,有效减少管道事故,降低损失及公共危害; ⑤不受天气、灾害等影响,检修仍可以照常进行,具备较强抵御灾害的能力	①前期建设投入费用较大,财政负担大; ②建设期较长,易阻碍交通通行,给市民出行带来一定的干扰; ③管廊建设牵涉面广,沟通协调较难,建设容易受阻,相关管线单位配合度较低; ④收益无法完全量化,各类入廊管线的具体租赁费用的明确有困难; ⑤发展空间预留需要有前瞻性,但未来发展存在不确定性,预留多少成为难题,容量扩建受限

1.4 综合管廊的组成

　　根据入廊管线的规模和特性，综合管廊设置单舱或者多舱，干线及支线综合管廊主体结构一般由标准段、通风口、吊装口、逃生口、分变电所、端部井、管线分支口、交叉口及人员出入口组成，根据运行维护及管理要求，还要设置不同级别的监控中心，除此之外，综合管廊内还包括入廊管线及通风、照明等附属设施。缆线管廊一般不要求通行，管廊内不要求设置照明、通风等设备，仅设置供维护时开启的盖板或手孔。

　　标准段：综合管廊的标准断面部分。

　　通风口：为满足综合管廊内部空气质量及消防救援等要求而开设的洞口。

　　吊装口：也称投料口，为将各种管线和设备吊入综合管廊内而开设的洞口。

　　逃生口：综合管廊每隔一定距离设置的便于人员逃生的出口。

　　分变电所：为满足综合管廊内部附属设施的用电负荷需求而设立的安装变配电设备的场所。

　　端部井：综合管廊始末端设置的内部管线和外部直埋管线相接的接入送出部位。

　　管线分支口：综合管廊内部管线和外部直埋管线相接的接入送出部位。

　　交叉口：两条综合管廊的交叉部位。

　　人员出入口：综合管廊设置的便于管理维护人员或参观人员进出的出入口。

第2章 设计流程

2.1 设计范围的确定

综合管廊工程设计一般包含总体设计、建筑设计、结构设计、基坑支护设计及附属工程设计，附属工程设计主要包含消防系统、通风系统、供电系统、照明系统、监控及报警系统、排水系统、标识系统等。

纳入综合管廊的管线应进行专项管线设计，专项管线设计是否纳入综合管廊设计范围内，需要与建设单位核实确认。入廊管线若由管线权属单位设计施工，则需与管线权属单位确认清楚界面，分工界面见表2-1，仅为示例，供参考。

表2-1 综合管廊工程电力舱分工界面表（示例）

序号	项目		综合管廊		缆线管廊		备注
			管廊建设单位	电力公司	管廊建设单位	电力公司	
1	防外破、沉降监测系统		√		√		
2	远程控制开启井盖		√				
3	电力专用光缆槽盒			√		√	线缆沟安装位置紧邻10kV电缆最下层光缆支架上
4	支架	支架立柱	√		√		缆线管廊工井内含支架立柱
		自用槽盒支架	√		√		需要预留足够长度满足电力专用槽盒安装位置
		电力电缆横担		√	√		缆线管廊工井内含电缆横担
		接地扁钢	√		√		
5	接地系统	接地极	√		√		
		高压电缆汇流铜排		√			
		防火门/防火墙	√		√		
6	消防系统	灭火器材	√				
		火灾自动报警系统	√				
		防火槽盒	√		√		
		重点区域自动灭火设施	√				电缆接头处如有安装灭火弹的需求，由电力公司实施
7	通风系统		√		无通风系统		

序号	项目		综合管廊		缆线管廊		备注
			管廊建设单位	电力公司	管廊建设单位	电力公司	
8	供电系统		√		无低压供电系统		
9	照明系统		√		无照明系统		
10	监控系统	环境监控系统	√		无		
11	智能辅控系统	视频监控系统	√		无		
		安防系统	√		无		
		门禁系统	√		无		
		辅控平台	√		无		
		巡检机器人		√	无		需管廊建设单位预留轨道埋件
12	排水系统		√		无		
13	标识系统		√		无		
14	通信系统（固定电话、无线 AP 通信系统）		√				

需要注意，管廊监控中心是否纳入综合管廊设计范围。若综合管廊邻近规划管廊监控中心，考虑到管廊监控中心要与综合管廊连通，一般会同步设计施工。

2.2 基础资料收集

2.2.1 实地踏勘

（1）调查现状给水厂、污水厂、热电厂、变电站、燃气场站等重要市政设施，调查周边管线接入需求，核实军用、输油输气、电力、供水、排水等对综合管廊规划建设有较大影响的重要管线设施，避免线位冲突。

（2）了解现状道路建设使用及改扩建计划，调查周边交通状况，分析综合管廊建设对交通的影响。

（3）调查综合管廊建设路由、断面、埋深、平面位置、入廊管线种类及规模等现状情况，梳理综合管廊建设和运营的需求及问题。

（4）分析规划范围内的工程地质、水文地质条件，查明不良地质条件所在位置，尤其是地震断裂带位置。

（5）通过地形图或现场测量图统计综合管廊规划建设路段沿线现状建筑情况，调研周边各类管线建设情况，分析综合管廊规划的可行性。

2.2.2　现状资料

除地形图、气象资料、水文地质资料等现状资料外，还需要重点收集地下管线、高压电力隧道、地铁、地下隧道、地下人行通道、桥梁等地下设施的现状资料。新建道路建设条件较好，一般不涉及现状地下设施。综合管廊如与旧城改造、道路改造、地下主要管线改造等项目同步实施，综合管廊需要统筹考虑与现状地下设施及周边地上建（构）筑物的关系。

《住房城乡建设部等部门关于开展城市地下管线普查工作的通知》中要求对城市范围内的供水、排水、燃气、热力、电力、通信、广播电视、工业（不包括油气管线）等管线及其附属设施，各类综合管廊进行普查。在进行基础资料收集时，应注意收集相关地下管线的普查资料。

2.2.3　规划资料

除城市总体规划、片区控制性详细规划、道路交通规划等规划资料外，还需要重点收集综合管廊工程专项规划、各市政管线专项规划、管线综合规划、地下空间规划、轨道交通规划、人民防空规划、排洪排涝规划以及规划设计条件等。

2.2.4　相关批文

方案设计、初步设计阶段一般要收集可行性研究报告、环境影响评价报告、水土评价报告、地质灾害评价报告及相关批复文件等资料。施工图设计阶段一般需要收集初步设计及批复文件等资料。

雄安新区实行"一会三函"的审批制度（详见3.1节），前期召开会议集体审议决策，由河北雄安新区管理委员会改革发展局出具前期工作函，经初步设计审查后由河北雄安新区管理委员会规划建设局出具设计方案审查意见函。

2.2.5　相关项目工程资料

了解综合管廊实施范围内的其他项目建设计划，并收集相关图纸资料，综合管廊应与相关设施统筹建设，尤其是道路、管线、轨道交通、地下空间等相关工程。

2.2.6　管线单位意见

对管线单位、综合管廊建设及运营管理单位进行调研，了解各类管线建设现状及规划情况、入廊需求、管线出线口需求、建设运营情况及设想等。

2.2.7　地方规定及标准

目前国家综合管廊的标准体系逐渐完善，为保证综合管廊建设的有序推进，深圳、广州、北京、武汉、成都等地相继制定了符合地方特色的政策、导则及标准图集，综合管廊设计应注意收集当地相关规定及标准。

城市综合管廊国家建筑标准设计体系总框架如图 2-1 所示；城市综合管廊国家建筑标准设计体系见表 2-2。

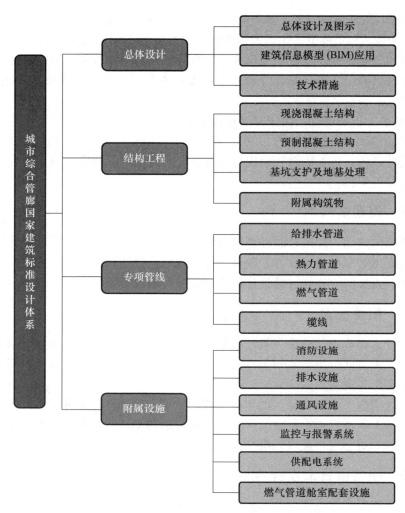

图 2-1 城市综合管廊国家建筑标准设计体系总框架

表 2-2 城市综合管廊国家建筑标准设计体系

标准设计类型分类	技术内容分类		专业分类	图集号	标准设计名称	编制状态
设计	总体设计	总体设计及图示	总图、建筑、结构、给水排水、暖通动力、电气	17GL101	综合管廊工程总体设计及图示	现行
设计指导		BIM 应用	建筑、规划、结构、给水排水、暖通动力、电气	18GL102	综合管廊工程 BIM 应用	现行
设计施工指导		技术措施	建筑、结构、暖通动力、燃气、给水排水	—	综合管廊工程技术措施	计划

标准设计类型分类	技术内容分类	专业分类	图集号	标准设计名称	编制状态
设计、施工	结构工程	现浇混凝土结构	结构	17GL201	现浇混凝土综合管廊	现行
设计、施工		预制混凝土结构		18GL204	预制混凝土综合管廊	现行
施工安装				18GL205	预制混凝土综合管廊制作与施工	现行
设计、施工		基坑支护及地基处理		17GL203-1	综合管廊基坑支护	现行
设计、施工		附属构筑物		17GL202	综合管廊附属构筑物	现行
设计、施工	专项管线	给水、再生水管道	给水排水	17GL301	综合管廊给水、再生水管道安装	现行
		热力管道	暖通动力	17GL401	综合管廊热力管道敷设与安装	现行
		燃气管道	燃气	18GL501	综合管廊燃气管道敷设与安装	现行
		缆线	电气、弱电	17GL601	综合管廊缆线敷设与安装	现行
		污水、雨水	给水排水	18GL303	综合管廊污水、雨水管道敷设与安装	现行
设计、施工	附属设施	消防设施	给水排水、建筑、暖通、电气、弱电	—	综合管廊消防设施设计与施工	计划
		排水设施	给水排水	17GL301、17GL302	综合管廊给水管道及排水设施	现行
		通风设施	暖通	17GL701	综合管廊通风设施设计与施工	现行
		监控与报警系统	弱电	17GL603	综合管廊监控及报警系统设计与施工	现行
		供配电及照明系统	电气	17GL602	综合管廊供配电及照明系统设计与施工	现行
		燃气管道舱室配套设施	燃气、建筑、暖通、给水排水、电气、弱电	18GL502	综合管廊燃气管道舱室配套设施设计与施工	现行

2.3　专业配置及人员安排

综合管廊涉及总体工艺、结构、基坑、通风、消防、给排水、监控与报警、供电与照明、标识、建筑、管线等专业，根据国内各设计公司的专业安排并结合自身的工作实践，将综合管廊设计专业配置及人员安排情况总结汇总，见表2-3，供同行参考。

表2-3　专业配置及人员安排情况

设计内容		专业配置	人员安排（人）
总体设计	平纵横设计	一般为管线专业	2～5
	节点设计	建筑、结构、管线专业	

续表

设计内容		专业配置	人员安排（人）
结构设计		结构专业	2～5
基坑设计		岩土专业	1～2
附属设施设计	通风系统	暖通专业	1～2
	消防系统	消防专业/给排水专业	1～2
	排水系统	给排水专业	1～2
	监控与报警	电气自动化专业	1～2
	供电与照明	电气专业	1～2
	标识系统	交安专业/同总体专业	1
监控中心、复杂节点、地上构筑物		建筑专业、结构专业	1～2
各专业管线设计	管线工艺	对应管线专业	每种管线1～2
	支吊架（墩）	对应管线专业、结构专业	每种管线1～2

注：表中人员安排的人数应根据工程规模、复杂程度、设计阶段以及交付时间确定，不含质量审查人员。

2.4 综合管廊设计流程图

综合管廊可行性研究报告、初步设计、施工图设计文件可参照住房城乡建设部《市政公用工程设计文件编制深度规定》（2013年版）要求执行。

综合管廊设计工作的一般流程如图2-2所示。

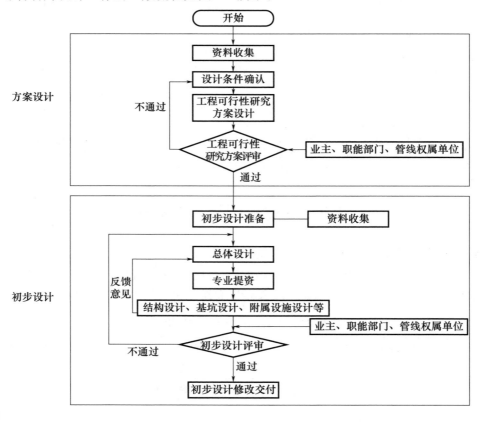

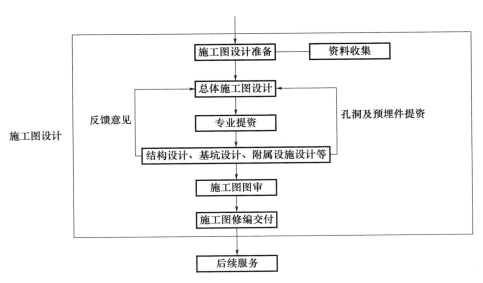

图 2-2　综合管廊设计工作的一般流程

第3章　总体设计

3.1　设计原则

（1）综合管廊设计应以"服务于管线"为原则，满足各类入廊管线的施工安装、运营维护及安全防护等要求，并应做到结构安全、技术先进、经济合理。

（2）综合管廊工程设计应以总规、控规、管线专项规划、综合管廊专项规划、地下空间规划及各管线产权单位入廊条件、地块的需求等要求为依据，需要与规划单位充分对接，取得规划单位的明确意见，才能保证综合管廊的系统性，提高综合管廊使用效益。

（3）综合管廊应与市政道路、河道水系、景观绿化、公交场站、直埋管线、轨道交通、物流廊道、地下环廊及通道以及地下空间开发等城市基础设施协同设计。

（4）综合管廊工程应集约利用地下空间，统筹设计综合管廊内部空间，协调综合管廊与其他地上、地下工程的关系，特别要关注轨道交通与周边地块建筑，要搞清楚建设时序，避免造成先建影响后建，增加后建施工难度和工程投资的情况。

（5）综合管廊是按100年的使用寿命设计的，设计应坚持因地制宜、科学合理、适度超前、远近结合的原则，综合管廊的建设是为各类市政管线服务的，综合管廊的平面、纵断、断面及管线分支口等节点设置应满足各类市政管线的安装、使用和运维要求，应同步建设消防、通风等附属设施。

（6）综合管廊的通风口、吊装口及逃生口应尽量综合布置，增加标准段长度，可以节约工期，同时弱化对城市景观的影响。露出地面的构筑物设计应与片区城市风貌保持一致，同周边环境景观相融合。

（7）综合管廊设计内容及深度除应满足国家规范及标准，还应符合当地政策要求。

雄安新区推进"一会三函"审批制度，项目完成"一会三函"流程后即时开工建设。所谓"一会三函"，即召开会议集体审议决策，取得建设项目前期工作函、设计方案审查意见函、施工意见登记函，同时各阶段均要完成建筑信息模型（Building Information Modeling，BIM）设计，具体流程如图3-1所示。

因此，雄安新区综合管廊工程设计应采用BIM设计，设计成果应符合BIM设计阶段相关标准，满足"一会三函"工作流程BIM相关要求。

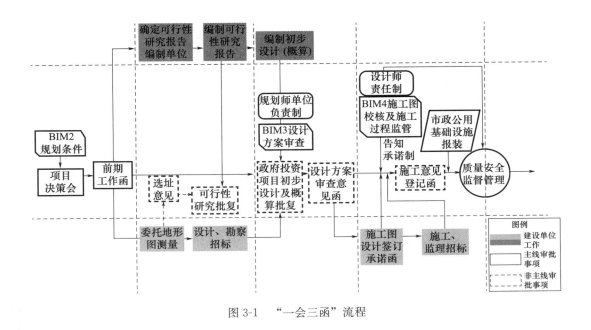

图 3-1 "一会三函"流程

3.2 入廊管线分析

给水、雨水、污水、再生水、天然气、热力、电力、通信、气动垃圾输送等市政公用管线均可纳入综合管廊。

雄安新区规划将给水管、再生水管、电力电缆、通信电缆、干线燃气管、供热主干管纳入综合管廊，干线燃气管、供热主干管和高压电缆独立成舱，启动区综合管廊预留智能物流系统通道。

根据国内外工程实践，各种城市工程管线均可以敷设在综合管廊内，通过安全保护措施可以确保这些管线在综合管廊内安全运行。一般情况下，信息电（光）缆、电力电缆、给水管道进入综合管廊技术难度较小，这些管线可以同舱敷设，天然气、雨水、污水、热力管道进入综合管廊需满足相关安全规定，天然气管道及热力管道不得与电力管线同舱敷设，且天然气管道应单舱敷设。压力流排水管道与给水管道相似，可优先安排进入综合管廊内。

目前，重庆市、厦门市有充分利用地势条件将重力流污水管道纳入综合管廊的工程实例。雄安新区地势普遍较平坦，排水管线一般情况下为重力流，其特点为管径大、埋设深度随水流方向逐渐加深，管线纵坡很难与综合管廊纵坡协调，若将排水管纳入管廊将引起综合管廊造价巨增。

根据现行国家标准《城镇燃气设计规范》（GB 50028—2006，2020 年版），城镇燃气包括人工煤气、液化石油气以及天然气。液化石油气密度大于空气，一旦泄漏不易排除；人工煤气中由于含有一氧化碳，不宜纳入地下综合管廊。且随着经济的发展，天然气逐渐成为城镇燃气的主流，因此本指南仅考虑将天然气管线纳入综合管廊。但是将天然气管道纳入综合管廊有一定安全运行风险，必须独立成舱，且须配备完善的安全设施，综合考虑技术经济情况与社会效益后，考虑将干线燃气管纳入综合管廊。

此外，大口径管道及超高压电力管线是否入廊，也要经过技术、经济分析后确定。

3.2.1　入廊管线相容性

纳入综合管廊内的各种管线性质各异，可能互相干扰，甚至发生各种灾害事件，比如给水管道不可以安装在电力电缆和通信线缆的上方，以防爆管泄漏产生污染、腐蚀等问题。入廊管线相容性见表3-1。

表 3-1　入廊管线相容性一览表

管线种类	给水管	燃气管	电力管	通信管	再生水管	热力管
给水管	—	×	○（短路）	×	×	○（热损失）
燃气管	×		√（气体爆炸）	√（气体爆炸）	×	○（腐蚀）
电力管	○（短路）	√（气体爆炸）	—	√（电磁干扰）	○（短路）	√（散热）
通信管	×	√（气体爆炸）	√（电磁干扰）	—	×	○（腐蚀）
再生水管	×	×	○（短路）	×		○（热损失）
热力管	○（热损失）	○（腐蚀）	√（散热）	○（腐蚀）	○（热损失）	—

注："√"表示有影响，"○"表示其影响视情况而定，"×"表示毫无影响。

表3-1主要探讨不同管线之间的相互影响，从表中可以看出，将燃气管道纳入综合管廊，需要特别注意安全问题，要有强制排风设备和气体泄漏自动检测设备等；电力舱需要通风系统维持舱内温度，以免影响其他管线；电力和通信线缆则需要注意电磁相互干扰的问题；热力管道泄漏会影响电力和通信线缆的正常工作，也会影响电缆散热。此外，给水管道不可放置在电力电缆和通信线缆的上方，以避免发生电缆短路；给水管道也不应放置在热力管道上方，防止热力管道周围热空气上升加热水管，减少不必要的热损失。

3.2.2　入廊管线适宜性分析

1. 电力

电力电缆能够与非高温的水、气和通信电缆同舱布置，不能与热力、易燃易爆气体或液体同舱布置。电力电缆进入管廊既有现实迫切的要求，又具有相应规范的依据，是可以而且应该纳入综合管廊的。

2. 通信

电信管道孔径不大、电流微弱，对周边设施影响较小，只要避免高温或电流强磁场影响，电信管道就可以与其他管线一同敷设。电信管线敷设于综合管廊内，可避免被意外破坏，提升运行安全性。因此电信管线能够纳入综合管廊。

3. 给水管道

给水管道入廊敷设，可以避免管道意外挖断、地质沉降或管道腐蚀造成爆管，提升运行的安全性。给水管道可以与电力电缆、通信电缆、热力管道同舱敷设。理论上供水管道也可与燃气管道同舱敷设，但由于燃气舱需按防爆设计，给水管上设置的电动控制阀若与燃气管线同舱敷设，则需采用防爆型，增加了造价及维护费用。

4．排水管道

考虑到雨水系统一般按满流设计，雨水舱内无法设置供电照明等设施；给水管究其卫生原因也不可能敷设于雨水舱内；其他管线也无法纳入雨水舱敷设。故雨水箱涵纳入综合管廊建设仅仅是考虑两者合建后节省地下空间的占用。

目前污水管线纳入综合管廊建设的较少，主要是考虑到内部的通风、检查井设置等问题。污水采用管道形式纳入综合管廊理论上可以与其他管线同舱敷设，但考虑到污水管线坡度设置、检查井设置以及一旦管道破损可能对管廊内部环境造成的影响，建议单独设置舱室。

5．燃气管道

通过加强监测和安全预防措施，燃气管线能够在综合管廊内敷设。但入廊后对综合管廊的主体设计、节点设计以及监控、报警等附属设施的设计要求较高。

6．热力管道

由于供热管道维修比较频繁，国外大多数情况下将供热管道集中放置在综合管廊内。供热管道进入综合管廊并没有技术问题，值得考虑的是其外包尺寸一般较大，进入综合管廊时要占用相当大的有效空间，对综合管廊工程的造价有较大影响。

7．其他管道

气动垃圾输送管道等新兴管道系统在国内尚未得到推广，通常为压力管道，可参考压力流管线入廊要求，在工程项目中可根据管线实际情况和当地要求，进行技术经济分析后确定是否入廊。

3.2.3 入廊管线的确定

确定入廊管线种类和规模除了要考虑管线自身的特性外，通常还根据综合管廊专项规划、管线专项规划和现状管线资料，并结合业主、规划建设管理部门、管线权属单位的相关意见，综合考虑分析后确定。

常规电力、通信、给水、再生水管线，应入皆入。对于燃气、热力、高压电力、大口径管道是否入廊，要分析工程安全、技术、经济及运维等因素后确定。

3.3 断面设计

3.3.1 一般要求

（1）综合管廊建设应根据入廊管线种类及规模、建设方式、预留空间，以及地下空间限制、周边地块、经济安全等，合理确定综合管廊分舱、断面形式及控制尺寸。

（2）综合管廊断面形式：采用明挖现浇施工时宜采用矩形断面；采用明挖预制施工时宜采用矩形、圆形或类圆形断面；采用盾构施工时宜采用圆形断面；采用顶管施工时宜采用圆形或矩形断面；采用暗挖施工时宜采用马蹄形断面。

（3）对于超过DN500的大管径管道（主要为输水管及供热管），管道热应力及重力较大，对支吊架结构强度和刚度要求较高，管道应尽量布置在落地的支墩、支架上，相较于布置在侧墙支架及顶板吊架上，管道支墩更稳固，支架造价更低，且管道运输安装更方便。

（4）综合管廊分舱不仅要考虑入廊管线相容性，还要考虑断面结构合理性。舱室跨度过大会导致顶底板厚度增加而增加工程造价，但是分舱多也会使附属设施增加从而提高工程造价，因此管廊分舱宜进行经济技术分析后确定。

（5）给水、再生水管道在综合管廊内与排水、电力或通信管道同侧布置时，应布置于电力、通信管线的下方，排水管道的上方；再生水管道宜布置在给水管道的下方。

（6）舱室断面尺寸除满足管道及线缆敷设和安装要求外，还应满足照明、配电箱、检修电源箱等附属设施的安装要求，且应满足人员、设备通行的要求。根据雄安新区项目的经验，存在附属设施占用检修通道的情况，特别是同一断面两侧布置附属设施，导致检修通道不足 0.8m。建议错位布置附属设施，设计预留附属设施安装空间。

3.3.2　燃气管道要求

《城市地下空间规划标准》（GB/T 51358—2019）第 8.1.2 条规定，地下市政管线和综合管廊宜布局在城市道路下，地下燃气、输油等危险品管线应单独规划和建设专用通道。

《石油化工厂区管线综合技术规范》（GB 50542—2009）第 5.3.4 条第 1 款规定，液化烃、可燃气体、可燃液体、毒性气体、毒性液体以及腐蚀性介质管道，不宜共沟敷设，并严禁与消防管道共沟敷设。

《钢铁冶金企业设计防火标准》（GB 50414—2018）第 4.3.5 条第 1 款规定，燃油管道和可燃气体、助燃气体管道宜独立敷设于管沟内，可与不燃气体、水管道（消防供水管道除外）共同敷设在不燃烧体做盖板的地沟内。

《城镇燃气设计规范》（GB 50028—2006，2020 年版）第 6.3.7 条规定，地下燃气管道……并不宜与其他管道或电缆同沟敷设。当需要同沟敷设时，必须采取有效的安全防护措施。

日本《共同沟设计指南》第 1.3.2 条的说明第 2 款规定，共同沟的容纳断面，考虑到管理方便和防灾等，宜设计为一个部门使用一个洞道；如果由于构造原因或其他条件制约而难以达到该设计标准时，也可以考虑共用一室。该条的说明第 3 款规定，对于燃气通道，考虑到灾害时的影响，原则上要单独使用一个洞道。

因为天然气具有易燃易爆的特性，根据以上规范要求，当条件允许时，天然气管道敷设在独立舱室内，以便于管理、维护；当受条件限制时，考虑到地下空间的集约化有效利用，天然气管道也可与不承担城市消防供水的给水管道、再生水管道共舱敷设，但不应与热力管道、污水管道、非天然气舱或非天然气管道配套的电缆共舱。与天然气管道共舱的给水管道、再生水管道系统应满足敷设在易燃易爆环境中的要求。深圳市第一条综合管廊大梅沙—盐田坳综合管廊内，天然气管线并未独立敷设，而是与给水管线同舱敷设，但是燃气管道设在单独的砖砌管沟内，沟槽盖板用沥青密封，与沟内其他管线隔离，目前运行状况良好。建议对天然气舱室中是否可纳入其他市政管线进行深入研究。

另外，在天然气管道舱室发生爆炸事故的极端状态下，设在其他舱室上部的天然气管道舱室造成次生灾害带来的损失应该远小于设在中间或下部。因此，天然气舱室与其他舱室并排布置时，宜设置在最外侧；天然气舱室与其他舱室上下布置时，应设置在上部。

3.3.3　供热管道要求

依据行业标准《城镇供热管网设计标准》（CJJ/T 34—2022）第 8.2.4 条的要求，"供热管道采用管沟敷设时，宜采用不通行管沟敷设……"由于蒸汽管道发生事故时对综合管廊设施的影响大，应采用独立舱室敷设。

根据《建筑设计防火规范》（GB 50016—2014，2018 年版）第 10.2.2 条、《城市综合管廊工程技术规范》（GB 50838—2015）第 4.3.6 条及《电力工程电缆设计标准》（GB 50217—2018）第 5.1.9 条规定的要求，热力管道不应与电力电缆同舱敷设。

依据行业标准《城镇供热管网设计标准》（CJJ/T 34—2022）第 8.1.4 条的要求，"供热管道设置在综合管廊内应符合下列规定：1 热水管道可与给水管道、通信线路、压缩空气管道、压力排水管道同舱设置；2 蒸汽管道应在独立舱室内设置；3 供热管道不应与电力电缆同舱设置。"

根据以上规范要求，热力管道不应与电力电缆同舱敷设，热力管道与给水、再生水管道同侧布置时，宜布置在上方，热力管道采用蒸汽介质时应在独立舱室敷设。

3.3.4　电力电缆要求

《国家电网有限公司关于印发十八项电网重大反事故措施（修订版）的通知》第 13.2.1.4 条规定，中性点非有效接地方式且允许带故障运行的电力电缆线路不应与 110kV 及以上电压等级电缆线路共用隧道、电缆沟、综合管廊电力舱。

第 13.2.2.7 条规定，与 110（66）kV 及以上电压等级电缆线路共用隧道、电缆沟、综合管廊电力舱的中性点非有效接地方式的电力电缆线路，应开展中性点接地方式改造，或做好防火隔离措施并在发生接地故障时立即拉开故障线路。

第 13.3.1.2 条规定，综合管廊中 110（66）kV 及以上电缆应采用独立舱体建设。电力舱不宜与天然气管道舱、热力管道舱紧邻布置。

目前，雄安新区入廊的 10kV 电缆为中性点经小电阻接地系统，国家电网有限公司允许 10kV 电力电缆与 110kV 及以上电压等级电力电缆共舱。但我国大部分 6～10kV 和部分 35 kV 高压电网采用中性点不接地或者中性点经消弧线圈接地的运行方式，均为中性点非有效接地方式，应尽量避免与 110kV 及以上电压等级电缆线路共舱。

因此，高压电力电缆（110kV 及以上）宜在独立舱体敷设，不应与通信电缆同侧布置，不宜与天然气管道舱、热力管道舱紧邻布置。

通信线缆采用电缆的，考虑到高压电力电缆可能对通信电缆的信号产生干扰，故 110kV 及以上电力电缆不应与通信电缆同侧布置。

根据《城市电力电缆线路设计技术规定》（DL/T 5221—2016）第 4.5.7 条及《国家电网有限公司关于印发十八项电网重大反事故措施（修订版）的通知》的有关规定，支架上电力电缆应按照电压等级从高到低排列，控制和信号电缆从强电至弱电排列，通信电缆按自下而上顺序排列，且不同电压等级的电缆不宜敷设于同一层支架上。

依据国家电网公司企业标准《综合管廊电力舱设计技术导则》（Q/GDW 11690—

2017）第 4.11、第 4.12 条规定，综合管廊单个电力舱中容纳 10kV 及以上电力电缆不应多于 42 根，其中 110kV 及以上电力电缆不应多于 24 根（8 回），电力舱宜设置在综合管廊上部外侧。

3.3.5 断面高度要求

行业标准《城市电力电缆线路设计技术规定》（DL/T 5221—2016）第 4.5.2 条规定，电缆隧道内通道净高不宜小于 1900mm，可供人员活动的短距离空间或与其他沟道交叉的局部段净高，不得小于 1400mm。国家标准《电力工程电缆设计标准》（GB 50217—2018）第 5.6.1 条规定，电缆隧道内通道的净高不宜小于 1.9m；与其他管沟交叉的局部段，净高可降低，但不应小于 1.4m。第 5.7.1 条规定，电缆夹层的净高不宜小于 2m。民用建筑的电缆夹层净高可稍降低，但在电缆配置上供人员活动的短距离空间不得小于 1.4m。

考虑到综合管廊内容纳的管线种类、数量较多及各类管线的安装运行需求，同时为长远发展预留空间，结合国内工程实践经验，综合管廊内部净高最小尺寸要求提高至 2.4m。

依据国家电网公司企业标准《综合管廊电力舱设计技术导则》（Q/GDW 11690—2017）第 5.3.3 条，电力舱不宜大于 3.5m，当净高大于 3.5m 时，电力舱上部空间无法得到有效利用。

综上所述，综合管廊净高不宜小于 2.4m，电力舱不宜大于 3.5m。

3.3.6 通道宽度要求

综合管廊通道净宽首先应满足管道安装及维护的要求，同时综合行业标准《城市电力电缆线路设计技术规定》（DL/T 5221—2016）第 4.1.4 条及国家标准《电力工程电缆设计标准》（GB 50217—2018）第 5.6.10 条的规定，确定检修通道的最小净宽。综合管廊内两侧设置支架或管道时，检修通道净宽不宜小于 1.0m；单侧设置支架或管道时，检修通道净宽不宜小于 0.9m。

若管廊纳入大管径管道，宜设置主检修通道，用于管道的运输安装和检修维护，为便于管道运输和检修，参考国内小型牵引车规格型号，综合管廊内适用的电动牵引车尺寸按照车宽 1.4m 定制，两侧各预留 0.4m 安全距离，确定主检修通道最小宽度为 2.2m。

综合管廊若考虑智能运营，根据智能巡检车特性，检修通道不得小于 1.4m。巡检机器人主要有轨道式巡检机器人和地磁轨导航巡检车。巡检车可搭载巡视检修人员及检修设备，在降低巡检人员工作强度、提高巡检工作效率方面具有较高的可用性。相比轨道式巡检机器人，地磁轨导航巡检车可降低在防火分区间通过的难度，降低防火封堵难度。设置巡检机器人，需充分考虑管廊巡检交通组织方式、管廊节点的处理以及巡检车进入管廊的位置等。

3.3.7 管道线缆安装间距

管道安装间距主要根据管道连接形式及管径而定，焊接需要考虑人员的操作空间，同时，要预留管道阀门、排气阀等附件的安装、维修空间。而电力通信线缆的安装间距主要考虑线缆的替换、增设时的安装空间。

根据管道及线缆直径、附件尺寸，参考相关规范要求，对管道、线缆安装间距做出了相应规定，各类间距分别用 a、b、L 等字母表示，如图 3-2 所示。

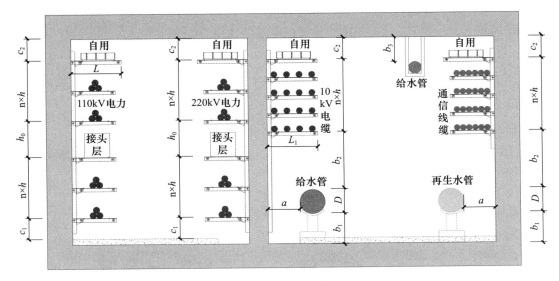

图 3-2　管道安装净距

1. 管道安装间距

燃气、给水等管道安装间距 a、b_1、b_2 按照《城市综合管廊工程技术规范》（GB 50838—2015）的间距要求，b_3 参照其取值。管道上方垂直间距 b_2 主要考虑管道附件的尺寸，以给水管道为例，参考图集《综合管廊给水管道及排水设施》（17GL301、17GL302）里管道阀门、排气阀等附属设施的尺寸，若给水管管径为 DN500，则设置 DN80 复合式排气阀（$H=365$mm）＋DN80 闸阀（$H=203$mm），再考虑连接的法兰节及短管 200mm，总高度为 768mm，管道上部空间 b_2 按不小于 800mm 考虑。在满足管道安装间距和附属设施安装的前提下，该净距可适当缩小。

综上所述，管道安装间距要求见表 3-2。

表 3-2　综合管廊的管道安装间距　　　　　　　　　　　　　　　　单位：mm

DN	管道安装净距（距侧壁）	管道安装净距（距底板）	管道安装净距（距顶板）	管道垂直距离
	a	b_1	b_3	b_2
DN<400	400（焊接钢管及塑料管按 500）	400（焊接钢管及塑料管按 500）	400（焊接钢管及塑料管按 500）	≥800
400≤DN<1000	500	500	—	
1000≤DN<1500	600	600	—	
DN≥1500	700	700	—	

注：a、b_1、b_2 按照《城市综合管廊工程技术规范》（GB 50838—2015）的间距要求，b_3 参照其取值。

2. 线缆安装间距

(1) 垂直距离

根据《城市电力电缆线路设计技术规定》(DL/T 5221—2016) 第 4.1.2 条的规定，电缆支架的层间垂直净距，应满足电缆能方便地敷设和固定，在多根电缆同层支架敷设时，有更换或增设任意电缆的可能。当每层放置 1 根电缆时，层间净距不应小于 1 倍电缆外径加 50mm，多于 1 根时不应小于 2 倍电缆外径加 50mm。

不同电压等级的电缆层间距 h 分别为：

①对于 10kV 电缆，电缆半径为 103mm，支架厚度取 50mm，则电缆层间距取整后为 $2D+50+50 \approx 300$ (mm)；

②对于 110kV 电缆，电缆半径为 124mm，支架厚度取 100mm，考虑品字形夹具凸出附加尺寸 50mm，则电缆层间距取整后为 $2D+50+100+50 \approx 450$ (mm)；

③对于 220kV 电缆，电缆半径为 153mm，支架厚度取 100mm，考虑品字形夹具凸出附加尺寸 50mm，则电缆层间距取整后为 $2D+50+100+50 \approx 500$ (mm)。

以上电缆半径均为参考值，可根据实际电缆半径确定电缆层间距。

品字形夹具示意和尺寸可分别参考图 3-3 和表 3-3。

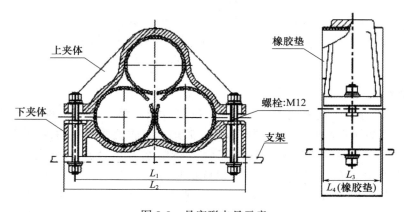

图 3-3　品字形夹具示意

表 3-3　品字形夹具尺寸　　　　　　　　　　　　　　　　单位：mm

型号	适用电缆外径	$L_1 \pm 10$	L_2	L_3	L_4
JGP-A	$\phi 75 \sim \phi 90$	240	280	80	90
JGP-B	$\phi 91 \sim \phi 105$	270	310	80	90
JGP-C	$\phi 106 \sim \phi 120$	300	340	90	100
JGP-D	$\phi 121 \sim \phi 140$	340	380	90	100
JGP-E	$\phi 141 \sim \phi 160$	380	420	100	110

根据《电力工程电缆设计标准》(GB 50217—2018) 第 5.5.2 条的条文说明，接头一般比电缆外径粗，110kV 接头外径约为 350mm，则接头层高度 h_0 应为 $350+50+100=500$ (mm)；220kV 接头外径约为 400mm，则接头层高度 h_0 应为 $400+50+100=550$ (mm)。

参考图集《综合管廊工程总体设计及图示》(17GL101)，最上层支架距其他设备的

净距 c_2 不应小于 300mm，常用间距为 350mm。按照《电力工程电缆设计标准》（GB 50217—2018）条第 5.5.3 的规定，最下层垂直净距 c_1 不宜小于 100mm，主要考虑沟内积水电缆泡水的情况。此外，还需考虑管廊腋角尺寸，一般为 200mm，因此最下层垂直净距 c_1 按 250mm 控制。当电缆采用垂直蛇形敷设时还应满足蛇形敷设的要求。

（2）支架长度 L

按照《电力工程电缆设计标准》（GB 50217—2018）第 5.1.4 条规定，控制和信号电缆可紧靠或多层叠置，除交流系统用单芯电缆情况外，电力电缆相互间宜有 1 倍电缆外径的空隙。各类支架长度要求分别为：

①自用支架：自用支架主要放置综合管廊自用动力、控制及消防电缆，一般长 400～600mm。按照雄安新区项目经验，根据当地国家电网公司要求，电力舱顶层支架需要同时满足管廊自用槽盒及电力专用通信槽盒（300mm 宽）放置要求，支架长度不小于 800mm。

②通信支架：根据通信线缆资料，2000 对规格的通信电缆近似直径约为 75mm，每层支架放置 6 根通信电缆时，横担长度为 $75 \times 6 + 100 = 550$（mm），若为光缆，则占用空间更小。

③电力支架：每层横担放置 4 回 10kV 电缆时，横担长度为 800mm [$4D + 3D + 90 = 811$（mm）]，立柱为角钢 L 90×6mm；每层横担放置 3 回 10kV 电缆时，横担长度为 600mm（$3D + 2D + 63 = 578$mm），立柱为角钢 L 63×5mm；每层横担品字形放置一回 110kV 时，考虑固定夹具尺寸，横担长度为 600mm [$380 + 90 + 50 \times 2 = 570$（mm）]，立柱为角钢 L 90×10mm，电缆距横担两端边缘考虑 50mm；每层横担品字形放置一回 220kV 电缆时，考虑固定夹具尺寸，横担长度为 650mm [$420 + 90 + 50 \times 2 = 620$（mm）]，立柱为角钢 90mm$\times 90mm\times 10$mm，电缆距横担两端边缘考虑 50mm。

上述支架长度均是按立柱为角钢计取的，考虑了角钢尺寸，若为预埋槽，则可适当缩短。

综上所述，线缆安装间距要求见表 3-4。

表 3-4　综合管廊的电力、通信线缆安装间距　　　　单位：mm

类别	层间距 h	接头层高度 h_0	最上层垂直净距 c_2（距顶板）	最下层垂直净距 c_1（距底板）	支架长度 L	
自用支架	—	—	≥300	≥250	≥400	根据实际需要确定支架长度，$L \leqslant 850$
通信	≥200				≥550	
10kV 电力	≥300	—			600～800	
110kV 电力	≥450	≥500			≥600	
220kV 电力	≥500	≥550			≥650	

3.4　平面设计

（1）综合管廊平面中心线宜与道路、铁路、轨道交通、公路中心线平行，综合管廊平面转弯半径，应满足综合管廊各种市政管线（主要是热力管、电力缆线）的转弯半径及安装要求。

（2）综合管廊一般在道路的规划红线范围内建设，综合管廊的平面线形应符合道路的平面线形，以减少对其他地下管线和构筑物建设的影响。

（3）为满足道路或建筑红线的要求，综合管廊呈圆弧状布置，若该综合管廊纳入热力管道，则将此圆弧段热力管道两端固定，整个管道可以自然补偿；由于管道可能会发生径向膨胀位移，综合管廊需要预留热力管道膨胀空间。

（4）综合管廊平面转角的位置应尽量减小转折角度或采用圆弧过渡处理，以满足电力、通信线缆的转弯半径。电力电缆弯曲半径应符合《电力工程电缆设计标准》（GB 50217—2018）及《城市电力电缆线路设计技术规定》（DL/T 5221—2016）的有关规定，见表 3-5。

表 3-5 电力电缆允许最小弯曲半径

| 项目 | 35kV 及以下的电缆 | | | | 66kV 及以上的电缆 |
| | 单芯电缆 | | 三芯电缆 | | |
	无铠装	有铠装	无铠装	有铠装	
敷设时	$20D$	$15D$	$15D$	$12D$	$20D$
运行时	$15D$	$12D$	$12D$	$10D$	$15D$

注：D 为成品电缆标称外径。

经计算，各等级线缆转弯半径分别为：

①10kV：参考国家建筑标准设计图集《110kV 及以下电缆敷设》（12D101-5）第 171 页 YJY23 超 A 类阻燃电缆资料。10kV 单芯电缆 $630mm^2$ 截面外径为 71mm，单芯一般不带铠装（涡流效应），弯曲半径则为 1420mm；10kV 三芯电缆 $400mm^2$ 截面外径为 103mm，带铠装，弯曲半径则为 1236mm，考虑一定裕量后 10kV 电力电缆弯曲半径按 1.5m 控制。

②110kV 及 220kV：根据正泰、曙光电缆产品规格，110kV 单芯聚乙烯绝缘皱纹铝套电力电缆 $2500mm^2$ 截面外径为 124mm，220kV 单芯聚乙烯绝缘皱纹铝套电力电缆 $2500mm^2$ 截面外径为 153mm，按 $20D$ 计算弯曲半径，则 110kV 电力电缆弯曲半径按 2.5m 控制，220kV 电力电缆弯曲半径按 3m 控制。

③通信线缆：通信线缆弯曲半径应大于线缆直径的 15 倍。根据《通信线路工程设计规范》（GB 51158—2015）第 7.1.3 条弯曲半径的规定，通信线缆弯曲半径最大为 0.65m。

综上所述，线缆转弯半径最小值见表 3-6。

表 3-6 电力通信线缆转弯半径一览表

类别	10kV 电力电缆	110kV 电力电缆	220kV 电力电缆	通信线缆
转弯半径（m）	1.5	2.5	3.0	0.65

注：表中转弯半径为参考值，应结合项目实际电力通信公司要求而定。

（5）综合管廊穿越城市快速路、主路、铁路、轨道交通、公路时，宜垂直穿越，受条件限制时可斜向穿越，最小交叉角不宜小于 60°；

（6）综合管廊分支位置、分支口管线种类和规模，应与规划要求一致。综合管廊在绿地、周边地块、给水厂、污水泵站、水资源再生中心、变电站、10kV 开关站、通信机楼、邮政支局、综合能源站、管廊监控中心、消防站等位置，需要预留分支口，分支口的具体位置、分支口管线的种类和规模，需要有规划单位的明确意见。

（7）新区综合管廊应与道路、地下空间开发、地下管线等同步建设，并确保综合管廊起终点、管线分支口预埋套管及支廊端部与后续项目衔接时，不对已施工道路产生破坏。

（8）综合管廊宜在道路的规划红线范围内建设，支线及缆线管廊宜靠近道路两侧地块对公用管线需求量大的一侧。当特殊情况需设置在红线外时，需与规划部门对接确认。

（9）综合管廊平面位置应根据道路横断面分幅布置、能源介质供给需求、地下管线综合排布、地下构筑物空间需求、道路两侧建筑安全等因素综合考虑。干线综合管廊宜设置在机动车道、道路绿化带或中央隔离带下；支线综合管廊宜设置在非机动车道、人行道、道路绿化带下；缆线管廊宜设置在人行道下。

但很多干线综合管廊纳入了为地块服务的配给管线，具有支线综合管廊服务于沿线地块的功能，为干支结合的综合管廊。因此，此类综合管廊平面位置宜结合地块能源介质供给需求布置在道路两侧。干/支线综合管廊平面位置示意图如图 3-4 所示。

图 3-4　干/支线综合管廊平面位置示意图

（10）综合管廊平面位置应考虑与周边建（构）筑物的距离要求。综合管廊与相邻地下构筑物和地下管线间的最小净距应根据地质条件和相邻构筑物性质确定，不得小于表 3-7 规定的数值。

表 3-7　综合管廊与地下管线和地下构筑物的最小净距　　　　　　单位：m

相邻情况	明挖施工	非开挖施工
综合管廊与地下构筑物水平	1.0	综合管廊外径
综合管廊与地下管线水平	1.0	综合管廊外径
综合管廊与地下管线交叉穿越	0.5	1.0

综合管廊埋深大于建（构）筑物基础时，其与建（构）筑物之间最小水平距离，应按式（3-1）计算，与表 3-4 中的数值比较，采用较大值。

$$L=\frac{(H-h)}{\tan\alpha}+\frac{B}{2} \tag{3-1}$$

式中　L——管线中心至建（构）筑物基础边水平距离（m）；

　　　H——管线敷设深度（m）；

　　　h——建（构）筑物基础底砌置深度（m）；

　　　B——沟槽开挖宽度（m）；

　　　α——土壤内摩擦角（°）。

3.5　竖向设计

（1）综合管廊的覆土应满足城市规划的相关要求。

（2）综合管廊的覆土应满足雨水、污水预埋支管及其他过路管道埋深的要求，同时要考虑综合管廊分支管线与雨水、污水主管竖向上是否冲突，保证排水管线与综合管廊竖向净距不应小于0.5m。

（3）综合管廊的覆土应满足上部绿化种植以及灯杆基础的覆土厚度要求。为满足乔木和灌木的生长环境，综合管廊的覆土厚度需要在2m以上。综合管廊若布置于侧分带下，由于此处一般设置有路灯，应避免综合管廊与路灯基础冲突。

（4）综合管廊的覆土应满足投料口、通风口、管线分支口、交叉口、分变电所等特殊节点的布置要求。综合管廊的特殊节点可能设有夹层，夹层内设有一定的设备，尤其是分变电所，变压器及配电箱等设备高度较高，且对夹层有高度要求，一般都在3m以上，综合管廊竖向设计应考虑特殊节点的高度。

（5）综合管廊在竖向设计时需考虑建设区的地下空间、人行通道、地下轨道、地下市政设施的竖向条件。另外，综合管廊节点处竖向设计应考虑与地下空间功能的衔接。

（6）综合管廊的纵向坡度一般与道路坡度一致，尽量平顺避免过多起伏，尽量避免一个防火分区中间高两边低，导致增加额外排水设施。应满足管廊纵向排水最小坡度要求，且纵向坡度还应满足各管线的坡度要求，同时应满足人员通行要求，当坡度超过10%时，应在人员通道部位设置防滑地坪或台阶，最小坡度不小于2‰。若舱内设置巡检机器人，根据《综合管廊智能化巡检机器人通用技术标准》（T/CAS 428—2020）第6.3.3条要求：巡检机器人爬坡能力不应小于20°。为了满足巡检机器人的使用要求，综合管廊最大纵向坡度不宜超过20%。

除此之外，采用顶管和盾构施工的综合管廊，坡度还应满足施工工法的技术要求。参照《综合管廊矩形顶管工程技术标准》（DB 32/T 3913—2020），矩形顶管宜采用直线，纵向坡度不小于0.2%且不宜大于3%。

3.6　节点设计

3.6.1　一般要求

综合管廊的每个舱室应设置人员出入口、逃生口、吊装口、进风口、排风口、管线分支口等。

综合管廊的吊装口进、排风口，人员出入口等节点设置是综合管廊必需的功能性需求。这些口部由于需要露出地面，往往会形成地面水倒灌的通道，为了保证综合管廊的安全运行，应当采取技术措施确保在道路积水期间地面水不会倒灌进综合管廊，并应采取防止地面水倒灌及小动物进入的措施。

露出地面口部应满足当地防洪排涝的要求。例如《武汉市排水防涝系统规划设计标准（征求意见稿）》第 8.1.4 条规定：地下设施的入口高程必须高于周边地面高程，车行入口高程应高于周边地面 0.2m 以上，人行入口高程应高于周边地面 0.45m 以上。

综合管廊人员出入口、分变电所、逃生口、吊装口、通风口宜结合设置。人员出入口、分变电所宜与逃生口功能整合，避免重复设置。吊装口、通风口也可整合，设置可拆卸风亭，兼顾吊装功能。

天然气管道舱室的排风口与其他舱室排风口、进风口、人员出入口以及周边建（构）筑物口部距离不应小于 10m。日本《共同沟设计指南》第 5.9.1 条规定，自然通风口中"燃气隧洞的通风口应该采用与其他隧洞的通风口分离的结构"；第 5.9.2 条规定强制通风口中"燃气隧洞的通风口应该与其他隧洞的通风口分开设置"。为了避免天然气管道舱内正常排风和事故排风中的天然气气体进入其他舱室，并可能聚集引起的危险，做出水平间距 10.0m 的规定。为避免天然气泄漏后，进入其他舱室，天然气舱的各口部及集水坑等应与其他舱室的口部及集水坑分隔设置，并在适当位置设置明显的标示提醒相关人员注意。

露出地面的各类孔口盖板应设置在内部使用时易于人力开启，且在外部使用时非专业人员难以开启的安全装置。主要是为了实现防盗安保功能要求，同时满足紧急情况下人员可由内部开启方便逃生的需求。

综合管廊露出地面的各类孔口位于侧分带时，应避开交安照明及海绵城市设施。

3.6.2 通风节点

（1）综合管廊通风口主要功能为保障综合管廊通风风机及其附属设施的安装及运行，一般还兼具配电监控的设备间、人员逃生口及吊装口的功能。通风口利用综合管廊上部覆土空间，以夹层的形式布置，为全地下式结构，仅通风格栅等露出地面。

（2）综合管廊通风单元区间长度应根据工程实际情况确定，最大长度不宜超过400m，当大于 400m 时需进行详细计算及论证。通风系统宜结合防火分隔划分通风单元。燃气舱宜按一个防火区间对应一个通风区间考虑。

通风区间的长度主要受限于通风口的位置，需根据项目情况具体确定。通风区间越长、通风量越大，设备选型功率越大、设备噪声越大，同时综合管廊内的断面风速越大，过大的断面风速不利于巡检人员在舱室内的活动，且随着断面风速的增大，通风系统阻力也将增大。出于安全、节能及通风效果的考虑，通风区间不宜过长，有条件时，通风区间应按防火分区设置，在地面风亭的位置受限严重时，也可将多个防火分区合并为一个通风区间设置通风系统。

燃气舱若采用多个防火分区合并为一个通风区间设置通风系统，鉴于天然气密度比空气小，可能泄漏的天然气气体位于舱室上部，气流流经防火隔断时需下降至防火门高度才能通过，防火隔断处形成通风死角，泄漏在管廊内的天然气不宜排除，这就可能造成天然气气体聚集，带来严重的安全隐患。因此不建议通风区段跨越防火区段。

雄安新区项目一般按两个防火区间对应一个通风区间考虑，通风区间长度不超过400m，容纳电力电缆的舱室通风区间，中间设置常开防火门。

（3）通风口各个区域的面积大小由各种设备所占空间决定。通风机房的面积满足风机、风管的安装需要，并预留人员检修、逃生、设备更换的空间；电气设备间的面积满足电气设备的安装、检修需要；风井及露出地面格栅部分的面积满足通风功能的需要。

（4）排风口应注意风井等排烟区域与逃生通道及配电间隔断，以免事故工况烟气等有害气体对人员及设备造成伤害，如图3-5、图3-6所示。

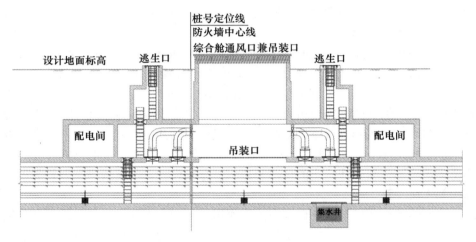

图 3-5　排风口剖面示意

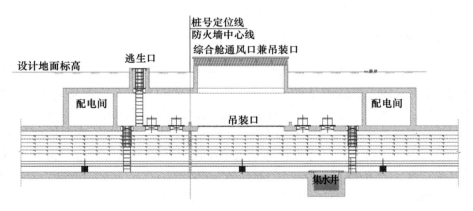

图 3-6　进风口剖面示意

（5）通风机房净高不宜小于2.2m，应有足够的设备维护及更换空间，风机边缘距离墙壁净距至少有一边不小于风机尺寸＋500mm，且距离任意一侧外墙距离不宜小于800mm。风机质量超过100kg时，宜在其上方预留吊钩。检修人孔距离风机边缘不宜小于250mm，距离墙壁不宜小于800mm，具体尺寸以通风专业要求为准。

（6）电气设备间长度超过7m时应设置两个门，并宜布置在两端。电气设备间的地面宜高出本层地面 50mm 或设置防水门槛。电气设备间的门均应向外开启。低压配电装置长度大于 6m 时，其屏后应设置两个通向本室或其他房间的出口，如两个出口间的距离超过 15m，则应增加出口。电气设备间为电缆直接进线、上进上出时，高度不宜小于 3m，长不宜小于 3.6m，宽不宜小于 3.3m，具体尺寸以电气专业要求为准。电气设备间布置示意图如图 3-7 所示。

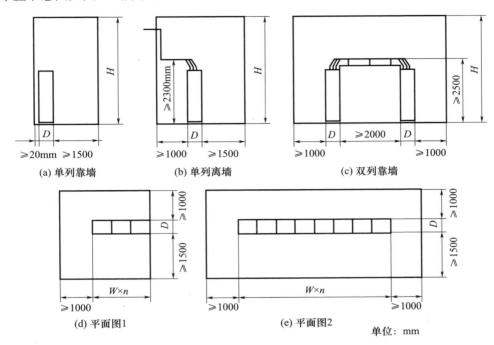

图 3-7　电气设备间布置示意图

电气设备间的尺寸确定：

根据《低压配电设计规范》（GB 50054—2011）及《20kV 及以下变电所设计规范》（GB 50053—2013），配电室高度考虑配电箱高度 2.2m，配电装置距屋顶（梁除外）的距离为 0.8m，高度不宜小于 3m，若配电箱上设置桥架，则需考虑桥架高度。

低压配电柜的外形尺寸：0.8m（W）×0.6m（D）×2.2m（H），配电柜采用固定柜，数量 n 为 3 台，单列布置。

配电柜的长度：$W_1 = 0.8 \times 3 = 2.4$m；

配电柜的深度：$D_1 = 0.6$m；

配电柜左右通道最小距离：$W_2 = 1$m；

柜后维修通道：$D_2 = 1$m；

柜前操作通道：$D_3 = 1.5$m；

配电室的长度：单列配电柜一侧靠墙，$L = W_1 + W_2 = 3.4$m，考虑墙皮厚度 100mm，配电室的最小长度为 3.5m。

配电室的宽度：$W = D_1 + D_2 + D_3 = 3.1$m；当采用柜后免维护，柜前操作维修的特殊柜体形式时，配电室宽度 $W = D_1 + D_3 + 0.1 = 2.2$m。

（7）通风口应能防止雨雪、地面积水侵入，并应考虑城市防洪要求，地势低洼地段应防止积水倒灌，尤其是顶部开口的通风口，必要时应设置挡水坎或排水设施。

（8）风亭高度要求

风亭应结合景观要求设置，并应满足城市防洪排涝要求。

参考《地铁设计规范》（GB 50157—2013）第 9.6.2 条第 2 款规定，采用侧面开口的风亭时，风亭口部 5.0m 范围内不应有阻挡通风气流的障碍物。第 3 款规定，当风亭设于路边时，风亭口部底边缘距地面高度不应小于 2.0m，当风亭设在绿化地内时，不应小于 1m，并应满足防淹的要求。第 9.6.3 条第 3、第 4 款，风亭四周应有宽度不小于 3m 宽的绿篱，风口最低高度应满足防淹要求，且不应小于 1m；风亭开口处应有安全防护装置，风井底部应有排水设施。

根据《城市道路交叉口规划规范》（GB 50647—2011）第 3.5.2 条第 3 款及《城市道路交叉口设计规程》（CJJ 152—2010）第 4.3.3 条规定，道路平面交叉口视距三角形限界内，不得规划任何高出道路平面标高 1.0m（1.2m）的妨碍驾驶员视线的障碍物。

图集《综合管廊附属构筑物》（17GL202）中，风亭口部底出地面高度建议不小于 0.5m。

综上所述，考虑风亭太高影响景观效果及道路车辆行驶视线，风亭口部底出地面高度不宜小于 0.5m，布置于道路交叉口视距三角形限界内时，风亭盖顶距离地面高度不宜超过 1m。

根据《城市地下综合管廊管线工程技术规程》（T/CECS 532—2018）第 6.4.1 条，天然气管道舱室应采用防爆机械进风、排风的通风方式，并应符合下列规定：

①风亭口下沿距地面高度不宜小于 1.8m；

②进风、排风的通风口应设置防护栏和防护网；

③当风亭口四周 3.0m 范围内设置防护隔离围栏时，风口下沿最低高度不应小于 1.0m，且应满足防淹要求。

非正常状态下，天然气舱室排出的气体可能为爆炸危险气体，为避免爆炸危险气体危及人身安全或引发次生灾害，规定排风口的风口高度高于普通人的身高。因此，燃气舱风亭口部底边不宜小于 1.8m，不应布置在道路交叉口视距三角形限界内。

3.6.3 吊装口节点

（1）综合管廊吊装口主要功能是满足各类管线及其附属构件安装、运维时进出管廊的需要，一般还同时兼顾人员逃生口的功能。吊装口利用综合管廊上部覆土空间，以夹层的形式布置，为全地下式结构，仅吊装的口部露出地面以便于开启。

（2）综合管廊吊装口的最大间距不宜超过 400m，宜设置在绿化带内。

（3）吊装口净尺寸应满足管线、管件、设备、人员进出的最小允许限界要求。对于刚性管道，吊装口长度一般按照不小于 6.5m 考虑，电力电缆需考虑其入廊时转弯半径的要求，按照不小于 3m 考虑，并应满足管线单位要求。有检修车进出的吊装口尺寸应结合检修车的尺寸确定。

（4）吊装口开口宽度一般比管道外径两侧各宽 200～300mm，且不小于 1.0m。缆线舱开口宽度不小于 1.0m。

（5）吊装口根据管廊检修通道定位，一般设置在检修通道正上方。

（6）吊装口夹层开洞位置应安装栏杆，确保人员安全。

（7）双舱或多舱合并吊装口，且有防火要求时，各舱室应采取有效防火分隔措施。

（8）吊装口顶板开孔的位置宜优先考虑布置较重管线，直接从顶板开孔经中板开孔吊运至管廊下层。若不能同时满足各个舱室垂直下料要求，则应增加适当辅助吊装设施以保证管线吊装、水平移动的要求。

（9）管道类吊装口宜采用暗埋方式，位于道路隔离带内的吊装口覆土应满足绿化种植、海绵城市等使用要求，覆土厚度不宜小于 0.5m；位于步道下的吊装口覆土应满足路面结构要求。

（10）线缆类吊装口应满足穿布线要求，出地面井盖宜采用消隐设计。

3.6.4　逃生口节点

（1）敷设电力电缆、天然气管道的舱室，逃生口的间距不宜大于 200m；敷设热力管道的舱室，逃生口的间距不应大于 400m，当热力管道采用蒸汽介质时，间距不应大于 100m；敷设其他管道的舱室，逃生口间距不宜大于 400m。

（2）每个防火分区必须至少有 1 个直通室外的独立安全出口。不含天然气管道的舱室应设置逃生口通向室外、相邻地下空间、其他舱室或同舱室内采取防火分隔措施的空间。

根据《建筑设计防火规范》（GB 50016—2014，2018 年版）第 3.8.3 条的规定，地下或半地下仓库（包括地下或半地下室），当有多个防火分区相邻布置并采用防火墙分隔时，每个防火分区可利用防火墙上通向相邻防火分区的甲级防火门作为第二安全出口，但每个防火分区必须至少有 1 个直通室外的安全出口。

根据《雄安新区地下空间消防安全技术标准》［DB13（J）8330—2019］第 10.1.1 条第 1 款的规定，不含天然气管道的舱室应设置逃生口通向室外、相邻地下空间、其他舱室或同舱室内采取防火分隔措施的空间，舱室内逃生口的间距不宜大于 200m，人员先经由这些相对安全的空间再由较近的通向地面的逃生通道撤离到地面。同时鉴于消防等救援人员主要是从室外地面进入综合管廊，为确保救援的及时和便利，规定通向地面的逃生口或逃生通道在地面上的间距不宜大于 1000m。

（3）逃生口位于人行道、非机动车道的井盖高度应与地面平齐，位于绿带内的井盖高度宜高于绿地 0.2m 以上。井盖宜选用防入侵可远程监控的智能井盖。

（4）逃生口高差较大时，应设过渡平台，各层平台高度不应大于 4m。

（5）逃生口夹层开洞位置应设置常闭轻质防火盖板，耐火等级不低于 1.5h。

3.6.5　人员出入口

（1）为便于人员进出综合管廊，廊内设置人员进出口，间距不宜大于 2km，与地面相通。

（2）燃气舱应设置单独人员出入口，其余舱室设置综合人员出入口。

（3）人员出入口楼梯，每段梯段的踏步一般不应超过 18 级。踏板宽度不宜小于 250mm，不应小于 220mm，踏板高度不应高于 200mm。楼梯宽度一般为 900～1200mm。直跑楼梯的休息平台不应小于 900mm。梯段转折处的平台最小宽度不应小于梯段净宽，并不得小于1.2m。平台的上部及下部过道处的净高度不应小于2m，梯段净高不应小于2.2m。护栏扶手的高度不应小于1.05m。

（4）人员出入口节点在楼梯下端宜设置截水沟、集水井等排水设施。

（5）人员出入口出口应高出室外地面300～500mm，并应满足当地防淹要求。

3.6.6 分变电所

（1）分变电所一般布置在综合管廊的夹层，通常由变压器室、配电室组成，包含变压器、低压柜等设备。变压器室顶板开有设备吊装孔、通风口及逃生口。

（2）每个分变电所供电半径原则上不超过0.8km，对于特殊远离变电所的区段，适当增大配电电缆的截面，使得末端电压不低于标称电压的95%。

（3）在满足变电所设备安装及检修维护空间的前提下，尽可能利用管廊横向宽度进行变电所设备布置，当管廊宽度不满足要求时，需向单侧或双侧拓宽。

（4）分变电所可单独设置，也可与投料口、通风口、人员出入口等合并设计。

（5）变压器及配电柜安装做法参照图集《10kV及以下变压器室布置及变配电所常用设备构件安装》（03D201-4）及《变配电所建筑构造》（07J912-1）。

（6）分变电所主要有三种形式：电缆沟式分变电所为电缆下进下出；无地沟式分变电所为电缆上进上出；夹层式分变电所为电缆下进下出、下进上出或上进下出。

（7）非充油的高、低压配电装置和非油浸型的电力变压器，可设置在同一房间内，当二者相互靠近布置时，二者的外壳均应符合现行国家标准《外壳防护等级（IP代码）》（GB/T 4208—2017）中的IP2X防护等级的有关规定。

（8）分变电所长度超过7m时应设置两个门，并宜布置在两端。低压配电装置长度大于6m时，其屏后应设置两个出口，如两个出口间的距离超过15m，应增加出口。分变电所的门应向外开启。相邻配电室之间有门时，应采用不燃材料制作的双向弹簧门。

（9）配电装置室的门和变压器室的门的高度和宽度，宜按最大不可拆卸部件尺寸，高度加0.5m，宽度加0.3m确定，其疏散通道门的最小高度宜为2.0m，最小宽度宜为750mm。

（10）变配电室的地面宜高出本层地面不小于0.2m或设置防水门槛。

（11）地下分变电所宜设机械送排风系统。

（12）地下分变电所室内标高高于同层建筑不得小于0.2m。

（13）分变电所房间应设置防止雨、雪和蛇、鼠等小动物从门、窗、电缆沟等处进入室内的设施。门口一般要设置挡鼠板。

（14）分变电所尺寸要求。

分变电所高度：①若设备都采用上进上出的出线形式，则高、低压柜高度按照2.2m考虑，设备基础槽钢高度0.1m，考虑母线、桥架等因素，柜顶离屋顶1.0m，则分变电所高度为3.3m。②若设备都采用下进下出的出线形式，则高、低压柜高度按照2.2m考虑，设备基础槽钢高度0.1m，电缆沟深度1.0m（根据项目情况定），配电装置距屋顶（梁除外）的距离为0.8m，最小高度为4.1m。

分变电所宽度：①单排布置时，配电柜后留0.8m，配电柜宽1.2m，配电柜（固定式）前1.5m，则宽度为3.5m。②双排面对面布置时，配电柜后留2m×0.8m，配电柜宽 2m×1.2m，配电柜（固定式）前 2m，则宽度为 6m。③双排背对背布置时，配电柜后留 1m，配电柜宽 2m×1.2m，配电柜（固定式）前 2m×1.5m，则宽度为 6.4m。

电缆夹层：当分变电所设置电缆夹层时，根据《电力工程电缆设计标准》（GB 50217—2018）第 5.7.1 条，夹层的净高不宜小于 2m。民用建筑的电缆夹层净高可稍降低，但在电缆配置上供人员活动的短距离空间不得小于 1.4m。根据《全国民用建筑工程设计技术措施：电气》（2009JSCS-5）第 3.3.2 款第 16 条，设有可以进人的电缆夹层时，其净高不小于 1.8m。根据《雄安新区配套市政基础设施开关站（配电室）土建设计、建设及验收技术导则（试行）》第三十二条，开关站（配电室）电缆夹层板底净高不小于 1.9m，梁底净高不小于 1.5m。

综上所述，分变电所高度宜按 3.5～4.5m 设计，若设置电缆夹层，电缆夹层高度不宜小于 2.0m，具体尺寸以当地供电部门的意见为准。

3.6.7　端部井

（1）端部井设置于综合管廊端头供管廊内管线与直埋管线连通，为综合管廊的起点或终点。

（2）端部井尺寸应根据管道预埋套管及预埋防水密封组件尺寸、净距及各管线的安装、运行、维护作业空间、管线转弯半径及其管廊覆土情况共同确定。

（3）端部井可单独设置，也可与投料口、通风口、逃生口等合并设计。

（4）端部井一般都要加高，加高尺寸根据直埋管道覆土厚度来定，同时要考虑管线接出的转弯半径，一般不小于 1.5m。可根据两侧出线情况决定是否两侧拓宽，若双侧出电力通信电缆，则应组织好管线出线路径避免管线冲突，出线路径需增设支吊架以满足管线支撑要求。

（5）端部井应根据纵断面需要设置集水坑。

（6）管道接出端部井应预埋防水套管，电力通信线缆接出端部井应预埋防水套管或防水密封组件。防水套管尺寸及做法参照图集《防水套管标准》（02S404）。电力通信线缆出线可采用止水钢板或套管群盒，做法参照图集《现浇混凝土综合管廊》（17GL201）。

3.6.8　交叉口

（1）管廊交叉口由上、下双层组成。管廊交叉口在不同方向管廊相交位置处管廊断面局部拓宽。交叉口下方管廊通过渐变过渡到正常埋深。交叉口包括十字形交叉口和 T 字形交叉口。

（2）干线管廊、有热力舱的管廊和管廊内市政管线较多及规模较大者宜布置在交叉口上层，支线管廊和管廊内市政管线较少的宜布置在交叉口下层。

（3）交叉口上、下层管廊之间需要设置人员检修孔和管线连通孔，管廊拓宽及连通口的设置需满足各类管线转弯半径的要求，还应确保上、下层管廊检修通道畅通。

（4）交叉口上、下层管廊电力通信线缆连接应考虑多方向连通的可能性。

（5）交叉口上、下层管廊相同性质舱室之间，应考虑人员通行，可采用楼梯或钢梯。钢梯宜采用斜梯以方便人员上下通行。

（6）交叉管廊相同性质的舱室可互通交叉，但应合理分隔防火分区，加设防火墙。

（7）交叉口上、下层舱室交叉部位采用不燃性墙体进行防火分隔，确保不同舱室间防火分区的完整性。交叉口上、下层之间的管线连通孔，管线安装完成后，其空隙应采用阻火包密封填实。一般电力电缆孔洞较大，洞内应设置型钢骨架进行结构加强，型钢骨架间距应能满足管线穿过。人员通行楼梯处设置防火盖板。

（8）交叉口上、下层之间的管线连通孔，应预埋钢套管，其顶部高出装饰地面50mm，底部与楼板底面相平，穿过楼板的套管与管道之间缝隙宜用柔性阻燃、防腐、防水材料填实，且端面应光滑。

（9）交叉口10kV电力、通信舱室一般拓宽不宜小于2m，若舱室含110kV及以上高压电缆，舱室拓宽不宜小于3m，主要为满足上、下层管线出入的转弯半径要求。交叉口给水、天然气等压力管线舱室拓宽不宜小于1.2m，主要为满足人员通行增加的钢爬梯宽度和焊接及阀门空间。

3.6.9　管线分支口

（1）管线分支口在内外部管线相衔接位置处管廊断面局部拓宽，管廊顶板局部抬升。单侧局部拓宽尺寸根据引出管线种类综合确定，一般不宜小于1.5m。顶板局部抬升高度一般不宜小于2.0m，要与管廊外直埋管线竖向标高相协调，一般为上部出线，若管廊覆土较浅或出线管道从上部出线有障碍，可采用下部出线的方式。

（2）现有给水、电力、供热等专项规划需要管线引出的位置需布置管线分支口。规划没有明确的一般需在道路交叉口位置处布置管线分支口，在两个道路交叉口之间150～200m布置一处管线分支口供地块接入。

（3）管线分支口的管线引出数量及规格按规划布置，并适当考虑预留。

（4）管线分支口的管线引出部位结构开孔的预埋件及套管须采用防水型号，110kV及以上的高压电缆预埋套管应采用非铁磁性材料，避免产生涡流。开孔的排布需保证内外管线衔接顺畅。

（5）有压管道的接入与引出必须在管线分支口外合适位置设置阀门井。

（6）管线从变电站、水厂、通信机房等管线站点接入时，管线分支口设计应满足站点的接线要求。

（7）管线分支口出线方式可采用直埋出线或支廊出线。管线出线方式应满足规划及管线单位要求，同时需考虑工程造价。一般110kV及以上高压电缆采用支廊出线，便于与电力隧道衔接。目前，雄安新区对过路管线分支形式进行优化，地块预留管线分支口一般采用直埋出线形式，有利于地块开发基坑处理，并降低管廊投资。

①采用直埋出线时，电力、通信线缆应采用钢筋混凝土管块形式，过路段其他管道应采用套管进行保护，廊外直埋套管内的工作管应与管廊同步施工，避免后期穿管难度大且造成重复开挖。综合管廊与直埋敷设的管线连接处，应采取密封和防止差异沉降的措施。

②采用支廊出线时，支廊结构及附属设施需按照《城市综合管廊工程技术规范》（GB 50838—2015）的相关要求设置，应考虑管道吊装及通风。支廊与主廊衔接处宜设置伸缩缝，防止不均匀沉降。主支廊交叉口做法按照交叉口相关规定设置，支廊末端井按照端部井相关规定设置。

3.7　重要节点控制

3.7.1　综合管廊与轨道交通的关系

（1）综合管廊规划设计宜避让轨道线路及站点地下空间开发，综合管廊和轨道线路宜分别布置在不同道路上（图3-8）。

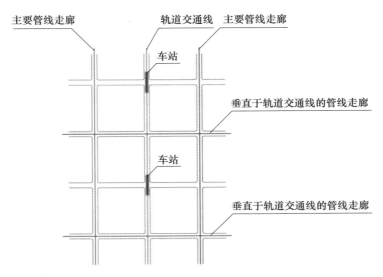

图 3-8　轨道交通线路与市政管线走廊关系图

（2）综合管廊与轨道交通交叉，应根据施工区域地质条件、施工工法、相邻设施性质及有关标准规范要求等，合理确定控制间距。与新建轨道交通车站、区间交叉时，宜优先结构共构或共享施工场地；与已运行的轨道交通车站、区间交叉时，须进行安全性评估等工作，以避免对既有轨道交通造成不利影响。

（3）轨道区间并行段的综合管廊，宜布置在轨道一侧、非机动车道下，便于利用绿化带布置检修口、排风口、投料口等（图3-9）。

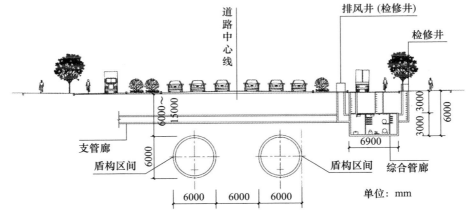

图 3-9　与轨道区间并行的综合管廊

（4）轨道站点并行段的综合管廊，宜布置在轨道一侧，非机动车道下。如综合管廊与轨道同步建设，可考虑利用出入口通道上方，但应避让风道及地下开发（图3-10）；如综合管廊与轨道无法同步建设，综合管廊可布置在出入口通道下方，轨道结构设计应在相应位置，做好结构加固或预留（图3-11、图3-12）。

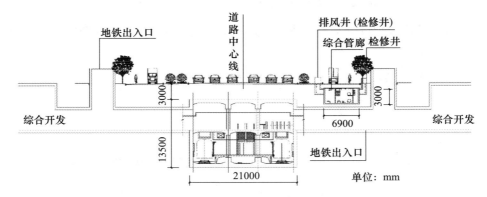

图 3-10 综合管廊与轨道同步建设竖向位置关系图

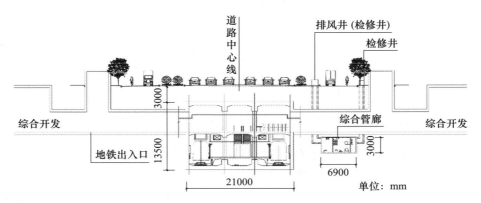

图 3-11 综合管廊与轨道非同步建设竖向位置关系图

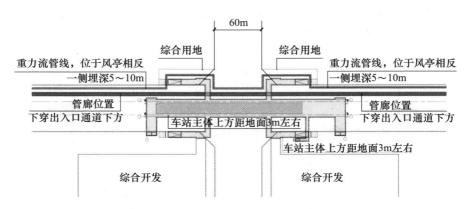

图 3-12 综合管廊与轨道非同步建设平面位置关系图

3.7.2 综合管廊与河道桥梁的关系

（1）综合管廊穿越水系时，主要有下穿河道、上跨河道和管廊断开管线直埋等穿越方式。常规的穿越方式为下穿河道，对河床较深的地区可采取从河道上部跨越的方式，经过经济技术比较后确定解决方案。

（2）综合管廊下穿河道，一般采用管廊外绕方式（图3-13），避免与桥梁冲突；当综合管廊尺寸较小，桥下桩基之间有穿越条件时，采用桥下穿越方式。

图 3-13　综合管廊外绕方案示意图

（3）管廊绕行可确保与桥涵相对独立，保持安全距离后可独立施工，互不影响。但绕行至红线外需考虑红线外用地性质。

（4）与桥梁共建无须考虑红线外用地性质对用地影响，但需与桥梁专业充分沟通，确保管廊与桥涵之间不造成相互影响，同时需考虑建设时序，避免后期建设困难（图3-14）。

图 3-14　综合管廊与桥梁共建方案示意图

（5）以明挖法穿越河道时，堤基及河道管理范围内最小覆盖层厚度不小于6m，滩地及主河槽段埋深应在标准冲刷线以下1.5m，不宜在河道管理范围内布置任何永久性的竖井，如通风口、逃生口等。

3.8 缆线管廊设计

3.8.1 定义

缆线管廊的定义：采用浅埋沟道方式建设，设有可开启盖板但其内部空间不能满足人员正常通行要求，用于容纳电力电缆和通信线缆的管廊，如图 3-15 所示。

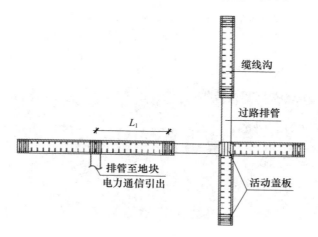

图 3-15　浅埋沟道式缆线管廊示意图

与电缆沟的区别：缆线管廊与电缆沟相似，具体设计中可以借鉴部分电缆沟设计做法，但是两者设计标准不一样，缆线管廊属于综合管廊的一种，结构设计应按照《城市综合管廊工程技术规范》（GB 50838—2015）的要求，综合管廊的结构设计使用年限提高为100 年，按乙类建筑物进行抗震设计，结构安全等级应为一级，裂缝控制等级应为三级等。

与电缆隧道的区别：《电力电缆隧道设计规程》（DL/T 5484—2013）中对电缆隧道的定义为：容纳电缆数量较多、有供安装和巡视的通道、全封闭型的地下构筑物。

由此可见，缆线管廊更趋近于电缆沟，但比电缆沟设计标准更高。

雄安新区缆线管廊还包含组合排管形式，如图 3-16 所示。

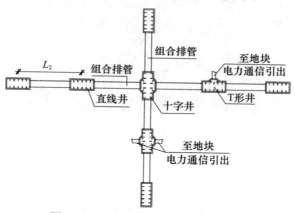

图 3-16　组合排管式缆线管廊示意图

3.8.2 管线设置要求

缆线管廊宜纳入 10kV 及以下的电力电缆、通信线缆及管径不大于 300mm 的配给性给水管道等。

电力电缆根数不大于 24 根时可以采用缆线管廊形式；大于 24 根时宜采用电缆隧道或者综合管廊形式，应布置相应的通风、照明、消防等附属设施；电缆在排管内敷设时，电缆根数不宜超过 12 根。

3.8.3 断面尺寸要求

缆线管廊内通道的净宽、缆线支架距顶距离、层间距离、距地坪距离应符合国家标准《电力工程电缆设计标准》（GB 50217—2018）的有关规定，可参考图集《110kV 及以下电缆敷设》（12D101—5）电缆沟的做法。

缆线管廊的尺寸应按满足全部容纳电缆的允许最小弯曲半径、施工作业与维护空间要求确定，电缆的配置应无碍安全运行，沟内通道的净宽尺寸不宜小于表 3-8 中的规定。

表 3-8　沟内通道的净宽尺寸　　　　单位：mm

电缆支架配置方式	沟深		
	<600	600～1000	>1000
两侧	300	500	700
单侧	300	450	600

3.8.4 其他设计要点

（1）浅埋沟道缆线管廊主线段应采用暗盖板方式，上方覆土厚度不宜小于 0.3m。

（2）在缆线管廊直线段每不超过 50m 处应设置可开启盖板或井孔，可开启盖板或井孔应满足人员、缆线、安装设备的进出要求，并应具备防洪、防入侵功能。

（3）缆线管廊纵向排水坡度，不得小于 0.5%，在排水区间最低处宜设置集水井及其泄水系统。

（4）浅埋沟道式缆线管廊的沟内分支处和直线段每隔不超过 100m 处应设置防火分隔；组合排管式缆线管廊应对排管管孔各端口进行防火封堵。

第4章 结构设计

4.1 设计原则

（1）结构设计应遵守现行国家标准、行业标准、地方标准中相关的强制性规定，除此尚需参考行业标准、地方标准或推荐性标准的相关规定。

（2）结构设计应以"结构为功能服务"为原则，满足城市规划、管廊运营、环境保护、抗震、防水、防火、防护、防腐蚀及施工工艺等要求，并应做到结构安全、耐久、技术先进、经济合理。

（3）结构设计应从工程建设条件出发，根据水文地质、环境条件（周围地面既有建筑、地下障碍物等）并结合地质灾害危险性综合评估与防治措施，经技术、经济、工期、施工方式、环境影响和使用效果综合比较，选择合理安全的结构类型和施工方法。

（4）综合管廊结构的净空尺寸必须满足建筑、工艺、机电及其他使用要求，并应考虑施工误差、测量误差、结构变形及后期沉降的影响。

（5）管廊结构设计应根据结构和构件类型、使用条件及荷载特征，采取合理的设计方法保证结构在施工及使用期间具有足够的刚度、强度、稳定性，满足抗倾覆、滑移、疲劳、变形、抗裂等的验算条件。

（6）综合管廊结构设计应分别按施工阶段和使用阶段，根据承载能力极限状态及可能出现的最不利荷载组合进行承载力的计算，根据正常使用极限状态的要求，进行变形及裂缝宽度验算。

（7）综合管廊设计抗浮设防水位应满足防洪防涝要求，综合管廊结构抗浮按最不利情况进行抗浮稳定验算。

（8）管廊结构应根据地震设防烈度进行抗震验算，并在结构设计中采取相应的构造措施。当结构位于液化或震陷土层时，应考虑地震可能对地层产生的不利影响，并根据结构抗震设防类别，地基的液化、震陷程度，结合具体情况采取相应的措施。

（9）综合管廊结构基底的软弱地基应进行地基承载力、地基变形和稳定性验算，并采取合理的措施进行地基处理。进行地基承载力、地基变形和稳定性验算后，设计应在结构施工图或基坑施工图中明确综合管廊基底承载力值要求。目前雄安新区综合管廊基底承载力特征值通常要求为 120～150kPa。

（10）综合管廊在规定的人民防空（以下简称"人防"）设防区段内必须具备战时防护和平战转换功能。

（11）管廊的结构设计应采取防止杂散电流腐蚀的措施，钢结构及钢连接件应进行防腐处理。

4.2　技术标准

（1）综合管廊工程的结构设计使用年限应为 100 年，混凝土结构的环境类别应为外侧二 b 类，内侧二 a 类。

（2）综合管廊的主体结构安全等级应为一级，主体结构中各类构件的安全等级宜与整个结构的安全等级相同。

（3）在按荷载效应基本组合进行使用阶段承载能力计算时，结构构件重要性系数 γ_0 取 1.1，按荷载效应的偶然组合进行承载能力计算时，结构重要性系数 γ_0 取 1.0。

（4）综合管廊结构构件的裂缝控制等级应为三级，结构构件的最大裂缝宽度限值应小于或等于 0.2mm，且不得贯通。

（5）综合管廊工程应按乙类建筑物进行抗震设计，抗震等级二级，抗震构造措施宜采用一级。

（6）综合管廊应按抗浮设防水位进行抗浮稳定性验算。标准段管廊抗浮设计等级为乙级，使用期抗浮稳定安全系数为 1.05；河道段抗浮设计等级为甲级，使用期抗浮稳定安全系数为 1.10。当结构抗浮不能满足要求时，应采取相应的工程措施。

（7）通风机房、变电所段管廊结构防水等级应为一级，不得渗水，结构表面无湿渍，其余管廊结构防水等级应为二级。综合管廊的变形缝、施工缝和预制构件接缝部位应加强防水和防火措施。

（8）综合管廊结构的耐火等级为一级。

（9）综合管廊属于甲类人防工程，工程防核武器抗力级别为六级，防常规武器抗力级别为六级，并在结构设计时设置相应的构造防护措施。

（10）综合管廊应严格执行《危险性较大的分部分项工程安全管理规定》要求，设计单位注明涉及危大工程的重点部位和环节，提出保障工程周边环境安全和工程施工安全的意见，必要时进行专项设计。

4.3　工程材料

4.3.1　材料要求

（1）综合管廊的工程材料应根据结构类型、受力条件、使用要求和所处环境等因素选用，并考虑其可靠性、耐久性、经济性。主要受力结构一般采用现浇钢筋混凝土，必要时可采用钢管混凝土结构。

（2）混凝土的原材料和配比、最低强度等级、最大水灰比和每立方混凝土的水泥用量、外加剂的性能及掺加量等应符合耐久性要求，同时要满足抗裂、抗渗、抗冻和抗侵蚀的需要。

4.3.2　混凝土

（1）混凝土设计强度不得低于表 4-1 的要求。

表 4-1　各部位构件混凝土强度表

部位	混凝土强度等级≥	抗渗等级	备注
顶板	C35	P6～P10	埋深<10m 时，抗渗等级 P6； 埋深≥10m 时，抗渗等级 P8 埋深≥20m 时，抗渗等级 P10
边墙	C35	P6～P10	
底板	C35	P6～P10	
中板	C35		
中隔墙	C35		
框架柱	C45		
垫层	C20		素混凝土垫层、细石混凝土找坡层

（2）防水混凝土的施工配合比应通过试验确定，试配混凝土的抗渗等级应比设计要求提高一级（0.2MPa）。

4.3.3　钢筋、钢材

（1）受力钢筋采用 HRB400E 钢筋，箍筋宜采用 HPB300 钢筋，也可采用 HRB（E）钢筋。

（2）预埋件及支吊架采用 Q235B 碳素结构钢或 Q355B 碳素结构钢。

（3）吊环直径不大于 14mm 时应采用 HPB300 钢筋制作，吊环直径不小于 16mm 时应采用 Q235B 圆钢制作，所有预埋件的锚筋，预制构件的吊环、吊钩等严禁采用冷加工钢筋。

（4）钢筋的强度标准值应具有不小于 95% 的保证率。

（5）钢筋在最大拉力下的总伸长率 δ_{gt}：HPB300 钢筋不应小于 10%，HRB400E 钢筋不应小于 7.5%。

（6）钢筋的抗拉强度实测值与屈服强度实测值的比值不应小于 1.25，钢筋的屈服强度实测值与屈服强度标准值的比值不应大于 1.3，且钢筋在最大拉力下的总伸长率实测值不应小于 9.0%。

（7）钢材、型钢的屈服强度实测值与抗拉强度实测值的比值不应大于 0.85；应有明显的屈服台阶，且伸长率不应小于 20%；应有良好的（可）焊接性和合格的冲击韧性。

（8）承重结构采用的钢材应具有抗拉强度、伸长率、屈服强度和硫、磷含量的合格保证，对焊接结构尚应具有碳含量的合格保证；焊接承重结构以及重要的非焊接承重结构采用的钢材还应具有冷弯试验的合格保证。

（9）钢筋接驳器采用Ⅰ级等强度直螺纹连接器。

4.3.4　焊条

（1）E50 型焊条用于 HPB300 钢筋互焊；E55 型焊条用于 HRB400E 钢筋互焊。

（2）钢结构宜采用 Q235B 钢、E43 型焊条。

（3）除有特别注明外，焊缝质量等级均为三级。

4.3.5　砌体

（1）砌体承重墙采用 M10 水泥砂浆、MU20 普通烧结砖。

（2）防火砖墙，填充墙采用 Ma5.0 专用砂浆砌 B06/A3.5 加气混凝土砌块。

（3）1：2 防水水泥砂浆抹面厚 20mm，要求用三层抹压法施工，并保证养护时间。

（4）砌体施工质量等级为 B 级。

4.4　结构耐久性设计

综合管廊的主体结构构件的设计使用年限为 100 年，应按此要求根据构件所需的维修程度、所处的使用环境及其侵蚀作用类别等条件进行耐久性设计，一般应包括以下内容：

（1）混凝土材料设计，包括混凝土的强度等级、水胶比、水泥用量，以及混凝土抗渗性、抗冻性、抗裂性等具体参数指标。

（2）与结构耐久性有关的结构构造措施（如保护层厚度）及裂缝控制要求。

（3）与耐久性有关的施工要求，特别是混凝土养护和保护层厚度的质量控制与保证措施。

（4）结构使用阶段的定期维护和检测要求。

（5）对于严酷或极端严酷环境侵蚀作用下的结构或结构部位，尚需采用特殊的防腐蚀措施，如在混凝土中加入阻锈剂、防腐剂、水溶性聚合树脂，在混凝土构件表面涂敷或覆盖防护材料，选用环氧涂膜钢筋，必要时采用阴极保护和牺牲阳极等措施。混凝土的特殊防腐措施尤其是防腐新材料和新工艺的采用应通过专门的论证确定。

4.4.1　混凝土材料要求

（1）管廊大体积浇筑的混凝土避免采用高水化热水泥，混凝土优先采用双掺技术，管廊顶板、底板、侧墙宜采用高性能补偿收缩防水混凝土。

（2）混凝土中的最大氯离子含量为 0.06%。

（3）宜使用非碱活性骨料；当使用碱活性骨料时，混凝土中的最大碱含量为 3.0 kg/m^3。

（4）单位体积混凝土的三氧化硫最大含量不应超过胶凝材料总量的 4%。

（5）一般环境 56d 氯离子扩散系数（28d 期龄）小于 $7×10^{-12}$ m^2/s；中等腐蚀及以上环境的工点，56d 氯离子扩散系数（28d 期龄）小于 $4×10^{-12}$ m^2/s。

（6）56d 电通量指标：C35～C45 混凝土小于 1200C，C50 混凝土小于 1000C。

（7）优先掺加优质引气剂。

（8）混凝土外加剂的品种和掺量应经试验确定，所有外加剂应符合国家或行业标准一等品及以上的质量要求。

4.4.2　混凝土胶凝材料要求

1. 水泥

（1）水泥品种采用硅酸盐水泥、普通硅酸盐水泥。

（2）水泥的铝酸三钙含量不大于 8％；比表面积宜小于 350m²/kg；碱含量不大于 0.8％。

（3）不得使用过期或受潮结块的水泥，并不得将不同品种或强度等级的水泥混合使用。

（4）应采用水化热低的水泥。

2. 矿物掺和料

（1）混凝土中的矿物掺和料应为性能稳定的粉煤灰、磨细矿渣粉和硅粉。当使用其他新型矿物掺和料时，应按国家有关规定进行试验验证并经审定通过。

（2）粉煤灰的级别不应低于 Ⅱ 级，烧失量不应大于 5％。

（3）硅粉的比表面积应不小于 15000m²/kg；二氧化硅含量不小于 85％。

4.4.3 粗细骨料要求

（1）细粗骨料的质量应符合国家标准《普通混凝土用砂、石质量及检验方法标准》（JGJ 52—2006）的有关规定。

（2）不得使用碱活性骨料。

（3）细骨料——砂的要求：应选用坚硬、抗风化性强、抗腐蚀性强、洁净的中粗砂，不得使用海砂。

（4）粗骨料——石子的要求：应选用坚硬、抗风化性强、抗腐蚀性强、无碱-骨料反应的洁净石子，最大粒径不宜大于 30mm。

4.4.4 混凝土配比

（1）严格控制水泥用量及水胶比：在保证混凝土强度的前提下，尽量降低胶凝材料（水泥、抗裂防水剂、掺和料）的总用量和水泥用量，并根据环境类别及混凝土最小强度要求控制胶凝材料的最小用量和最大水胶比，应满足表 4-2 的相关要求。

表 4-2　混凝土胶凝材料一般要求

强度等级	最大水胶比	最小用量（kg/m³）	最大用量（kg/m³）
C25	0.60	260	400
C30	0.55	280	
C35	0.50	300	
C40	0.45	320	450
C45	0.40	340	
C50	0.36	360	480

注：其他等级混凝土应满足《混凝土结构耐久性设计标准》（GB/T 50476—2019）的相关要求。

（2）含砂率宜为 35％～40％，泵送时可增至 45％。水下灌注混凝土的含砂率宜为 40％～50％。

（3）灰砂比宜为 1∶1.5～1∶2.5。

（4）混凝土入泵坍落度宜控制在 120～160mm，坍落度每小时损失值不宜大于 20mm，坍落度总损失值不宜大于 40mm。水下灌注混凝土坍落度宜控制在 180～

220mm。坍落度控制可根据实际泵送距离、施工条件等适当调整。

（5）混凝土初凝时间宜为 6～8h，水下灌注时根据施工要求确定。

（6）混凝土应采用大掺量矿物掺和料混凝土，且宜在矿物掺和料中再加入胶凝材料总质量的 3%～5% 的硅粉。

（7）混凝土的水泥和矿物掺和料中，不得加入石灰石粉。

（8）混凝土优先采用双掺技术（掺高性能减水剂加优质粉煤灰或磨细矿渣粉）。

（9）混凝土必须经过符合资质要求的试验单位进行的试配试验，经优化比选达到设计要求的指标，并出具试验报告，经有关单位批准后方可使用。

4.4.5　混凝土施工和养护

（1）混凝土应搅拌均匀，严格控制坍落度损失。

（2）在施工过程中应严格控制混凝土的温度。

①炎热夏季施工时，应采取降低原材料温度（粗细骨料不直接露天堆放、暴晒，堆场上方设置罩棚）和减少混凝土运输时吸收外界热量的措施，混凝土入模温度不应大于 30℃。

②冬季混凝土表层应有保温措施，减小内外温差，混凝土入模温度不应低于 5℃。冬季混凝土养护不得采用电热法或蒸汽直接加热法。

（3）混凝土模板。

①混凝土模板应有足够的刚度、强度、稳定性，平整、光滑、不变形；模缝严密、不漏浆。

②建议夏天用钢模板，冬天用木模板，冬天若使用钢模板应有保温措施。

③模板应涂脱模剂。

④混凝土结构内部设置的各种钢筋或绑扎钢丝，不得碰触模板。

⑤对于防水混凝土，不宜采用拉锚固定模板，拉锚将严重影响混凝土的防水可靠性。固定模板的螺栓不得穿过混凝土结构。

（4）混凝土浇筑要求。

①浇筑混凝土的基面上不得有明水，否则应进行清理。混凝土浇筑时应采取有效措施排除泌水。

②严禁混凝土在运输和灌注中加水，施工中严禁带水作业，雨天灌注混凝土应有遮雨措施。

③混凝土浇筑时的自由落差应控制在 2m 以内，当超过 2m 时，应通过串筒、溜管或振动溜管等设施下落。

④混凝土应分层连续浇筑，分层厚度不得大于 500mm。边墙一次总灌高度不宜大于 5m；两泵之间的距离不宜大于 2m。

⑤加强混凝土振捣，保证混凝土的强度和密实性。混凝土在振捣过程中应避免欠振、漏振、过振。混凝土在振捣过程中不得出现泌水。

⑥采取适当措施保证钢筋保护层尺寸及钢筋定位的准确性。

（5）混凝土拆模和湿养护。

①应采取保温保湿养护。混凝土温度峰值不应超过 55℃，混凝土中心温度与表面温度的差值不应大于 25℃，表面温度与大气温度的差值不应大于 20℃。可采取混凝土

内部预埋管道进行水冷散热的措施。混凝土温降梯度每天不得大于 3℃，养护时间不应少于 14d。

②混凝土浇筑后，立即严密覆盖进行湿养护，养护至现场混凝土的强度不低于 28d 强度标准的 50%，且不少于 14d。

③混凝土湿养护结束后，混凝土表面还应采取一定的防风措施，防止失水干缩。

④应在混凝土达到最高温度开始降温，内部与表面温差不超过 20℃、表面与大气温差小于 10℃ 以后拆模。不得在混凝土达温峰前后拆模并浇凉水。

（6）混凝土冬期施工应符合《建筑工程冬期施工规程》（JGJ/T 104—2011）的相关要求。

（7）混凝土的原材料及配比，应在正式施工前的混凝土试配工作中通过混凝土工作性、强度和耐久性指标的测定，以及抗裂性能的对比试验确定。应在现场进行模拟构件的试浇筑，发现问题及时调整。

（8）所有结构预埋件、连接件应有防止锈蚀、确保其耐久性的可靠措施。

（9）为保证混凝土质量，建议对混凝土进行由原材料采购、运输、储存、拌和、浇筑的全过程留存监控和记录。

4.5 荷载及组合

4.5.1 荷载分类

结构设计中根据结构类型，将荷载按永久荷载、可变荷载、偶然荷载（地震作用、人防荷载）进行分类。荷载分类见表 4-3。

表 4-3 荷载分类

荷载类型		荷载名称
永久荷载	1	结构自重
	2	地层压力（竖向及侧向土压力）
	3	水压力及浮力
	4	结构附加荷载（建筑做法、建筑隔墙等）
	5	结构上部和破坏棱体范围内的设施及建筑物压力
	6	混凝土收缩及徐变影响
可变荷载	1	地面汽车荷载及其动力作用
	2	管线荷载（竖向荷载、水平荷载）
	3	检修荷载
	4	施工荷载（含地面堆载）
偶然荷载	1	地震作用
	2	人防荷载

注：在确定荷载的数值时，考虑施工和使用过程中发生的变化。

1. 结构自重及附加荷载

结构自重及附加荷载指结构由自身质量产生的沿各构件轴线分布的竖向荷载，包括建筑构件、建筑做法、建筑隔墙等的自重。

2. 地层压力

垂直荷载：明挖法施工的管廊结构按计算截面以上全部土柱质量计算垂直荷载。

水平荷载：结构宜按静止土压力对结构的不利工况进行计算，采用水土分算。计算中应计及地面邻近建筑物产生的附加水平侧压力。

3. 水压力及浮力

当管廊位于地下水位以下时，应计算水压力和浮力的影响，使用阶段按最不利地下水位计算水压力和浮力。

4. 地面设施及建（构）筑物压力

地面设施及建（构）筑物荷载按实际情况考虑。

5. 混凝土收缩及徐变影响

混凝土收缩的影响可假定用降低温度的方法来计算。整体浇筑的钢筋混凝土结构相当于降低 15℃；分段浇筑的钢筋混凝土结构相当于降低 10℃；装配式钢筋混凝土结构相当于降低 5℃。

6. 管线荷载

管线荷载按管线及附件荷载、压力管道内的静水压力（运行工作压力或设计内水压力）及真空压力计算，底板管线荷载一般为 5.0kN/m^2，侧壁管线荷载一般为 6.0kN/m^2，应据实计算。

7. 地面汽车荷载及其动力作用

当结构位于道路下方，覆土厚度不小于 2.5m 时，地面汽车荷载按照 20kPa 计算，并考虑扩散后作用在管廊结构上，并不计动力作用的影响。当覆土厚度小于 2.5m 时，应按《公路桥涵设计通用规范》（JTG D60—2015）内规定的城-A 级车辆荷载计算确定。

8. 检修荷载

检修荷载标准值为 5.0kN/m^2。

9. 施工荷载

结构设计中应考虑下列施工荷载之一或可能发生的几种情况的组合：

（1）设备运输及吊装荷载。

（2）施工机具荷载及人群荷载，不宜超过 10kPa。

（3）地面堆载、材料堆载。

（4）注浆所引起的附加荷载。

10. 地震荷载

综合管廊抗震设防烈度为 8 度，设计基本地震加速度值为 0.30g。综合管廊结构抗震设计应根据设防要求、场地条件、结构类型和埋深等因素进行管廊横向地震反应计算，沿纵向结构形式连续、规则、横向断面构造不变的地下结构，可只沿横向计算水平地震作用并进行抗震验算，抗震分析时可近似按平面应变问题处理。

地质条件及结构形式简单的综合管廊结构横向抗震计算可采用反应位移法。采用反应位移法计算时，将土层在地震作用下产生的变形通过地基弹簧以静荷载的形式作用在结构上，同时考虑结构周围剪力以及结构自身的惯性力，采用静力方法计算结构的地震反应。

在地质条件、结构形式复杂的情况下，地下结构宜考虑地基和结构的相互作用以及地基和结构的非线性动力特性，应采用时程分析法进行抗震设计。采用时程分析法时，应对土体及其边界进行合理建模与处理，地震震动输入可采用波动法或振动法。

11. 人防荷载

作用在综合管廊结构上的等效人防荷载按照甲类工程防核武器抗力级别为六级，甲类防常规武器抗力级别为六级计算。

4.5.2　荷载组合

结构设计时按整体或单个构件可能出现的最不利组合进行荷载组合，并考虑施工过程中荷载变化情况分阶段计算，主要荷载组合见表4-4。

对结构整体或构件可能出现的最不利组合进行计算。

表 4-4　主体结构计算荷载组合

极限状态	序号	荷载效应组合	永久荷载	可变荷载	偶然荷载	
					地震作用	人防荷载
承载力极限状态	1	基本组合构件强度计算	1.3 (1.0)	1.5	—	—
	2	抗震偶然组合构件强度验算	1.3 (1.0)	0.65	1.4	—
	3	人防偶然组合构件强度验算	1.2 (1.0)	—	—	1.0
正常使用极限状态	1	荷载准永久组合并考虑长期作用影响进行构件抗裂验算	1.0	1.0		
	2	荷载准永久组合并考虑荷载长期作用影响进行变形验算	1.0	1.0		

注：括号内为其效应对结构有利的情况。

4.6　施工工法及结构形式

4.6.1　施工工法

（1）在满足管廊功能的前提下，应综合考虑工程地质及水文地质条件、周边环境、道路交通、场地条件、施工难度、工期和造价等因素，确定技术安全可靠、经济合理的结构形式与施工方法。

（2）施工方法与结构形式是密切相关的。管廊可采用明挖顺作法、盖挖顺作法、盖挖逆作法、顶管法施工。

（3）综合考虑雄安新区地质条件、场地条件等因素，综合管廊宜采用自然放坡明挖法施工。

（4）对于邻近建（构）筑物、下穿河道、铁路、高速公路及既有干线道路等特殊节点，综合考虑施工安全、工期、经济和对环境和社会的影响等因素，通过比选确定方案。

（5）地下水处理采用集水明排和降水相结合方案，以保证施工期间的无水作业条件。

4.6.2 结构形式

1. 矩形框架

对于用明挖顺作法及盖挖顺作法、盖挖逆作法施工的管廊，采用矩形框架，其优点在于施工方便，廊内空间可充分利用。综合管廊由于容纳的管线较多，为避免造成断面空间浪费，充分利用廊内资源，宜采用矩形断面。按确定的入廊管线规模及分舱形式可设计为单层单跨、双跨、多跨，双层单跨、双跨、多跨及多层结构。

2. 拱形结构

针对覆土较厚、净跨大的管廊，断面可通过采用拱形结构，减小顶板、底板结构厚度。

3. 交叉节点结构

管廊交叉口或分支管廊位于交叉节点处时宜设计为多层多跨框架结构，节点预留长度应满足结构、防水、变形协调的要求，并不得影响已运营管廊的安全使用。

4.7 结构计算

4.7.1 计算模式

（1）结构计算模式，应按结构的实际工作条件确定，并反映结构与周围地层的相互作用。

（2）管廊标准段沿结构纵向断面与荷载分布无突变，底板的地基承载力均匀，因此管廊标准断面可按平面框架进行受力分析计算。

（3）通风吊装口、人员出入口、管廊交叉口、分支管廊等节点，由于横向或纵向结构断面突变、荷载分布突变、空间受力变化明显，应对管廊节点处纵向强度和变形进行空间分析。

4.7.2 计算模型

（1）综合管廊结构横向为闭合框架结构，采用荷载-结构模型。

（2）结构为弹性地基上的平面框架；分别采用水平弹簧和竖向弹簧模拟地层对结构的水平位移和垂直位移的约束作用，土体弹簧仅能承受压力。

（3）围护结构与主体结构之间设置防水层时，围护结构与结构侧墙的相互作用采用水平刚性连杆模拟，该连杆只传递压力，不传递拉力、剪力和弯矩。

（4）正常使用阶段，采用水土分算。

（5）当围护结构采用地连墙或灌注桩且与主体结构密贴时，宜考虑围护结构与主体结构共同受力。同时应计及在使用期内围护结构材料劣化、内力向内衬转移的影响。

（6）构件截面计算原则。

①顶板、中板、底板按压弯构件计算，要求考虑轴力的最大最小可能值（由施工阶段及使用阶段支护结构外侧压力变化引起）及挠度对轴向力偏心距的影响（考虑偏心距增大系数 η），以确保结构安全。

②截面计算时不考虑腋角的作用。

（7）当受力过程中的受力体系、荷载形式等有较大的变化时，宜根据构件的施作顺序及受力条件，按结构的实际受载过程进行分析，考虑结构体系变形的连续性。

4.7.3 计算简图

管廊采用一次加载的"荷载-结构"模型，按平面杆系有限元法进行使用阶段的结构变形与内力计算（图4-1）。有围护桩时应在模型中考虑其作用。

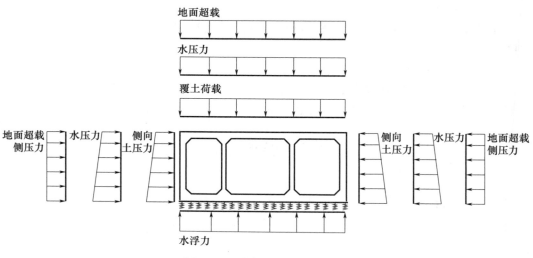

图4-1 正常使用工况计算简图

4.7.4 结构强度、刚度、裂缝验算原则

（1）结构构件根据承载力极限状态的要求进行承载能力的计算和稳定性的验算，根据正常使用极限状态的要求进行变形及裂缝宽度验算。

（2）对特殊工况（地震、人防）进行承载能力极限状态计算，结构整体和构件满足强度要求。

（3）受弯构件的最大挠度（表4-5）。

表4-5 受弯构件的挠度限值

构件计算跨度 l_0	挠度限值
非悬臂构件 $l_0 < 7\text{m}$	$l_0/250$
$7\text{m} \leqslant l_0 \leqslant 9\text{m}$	$l_0/300$
非悬臂构件 $l_0 > 9\text{m}$	$l_0/400$
悬臂构件（l_0取实际长度的2倍）	$l_0/400$

（4）结构构件的设计按承载力极限状态和正常使用极限状态分别进行荷载效应组合，并对各自的最不利组合取包络进行结构设计。

4.8 构造要求

4.8.1 变形缝的设置要求

（1）现浇混凝土综合管廊结构变形缝的间距可根据管廊节点、机房等布置情况综合考虑、具体确定，原则上不超过 30m。

（2）当变形缝间距较大时，应采取施工措施控制混凝土收缩裂缝，并考虑结构措施控制使用阶段温度应力引起的结构裂缝。

（3）结构纵向刚度突变处以及上覆荷载变化处或下卧土层突变处，应设置变形缝。

（4）变形缝应设置橡胶止水带、填缝材料和嵌缝材料等止水构造。

（5）应采取结构或地层加固等措施控制变形缝两侧的差异沉降，保证管线正常使用。

4.8.2 施工缝的设置要求

（1）施工缝应结合施工组织安排、施工分段等情况确定，其位置应留在结构剪力较小且便于施工的部位，并兼顾管廊内部结构的完整性。

（2）侧墙、中隔墙水平施工缝设置在各层板腋角上 300～500mm 处。

（3）各层结构板内不得设置水平施工缝。

（4）施工缝的形式及防水要求按防水设计要求施工。

（5）施工缝处受力钢筋需留够规定的钢筋连接长度，并应相互错开，保证在同一截面上钢筋的接头不超过钢筋总截面积的 50%。在浇筑新混凝土前，应将旧混凝土表面用高压水冲洗干净，保持接缝基面湿润。

4.8.3 后浇带的设置要求

（1）当变形缝间距较大时，为减少混凝土收缩引起的混凝土开裂，可设置环向后浇带。

（2）后浇带要求全断面（包括结构的顶板、底板、中楼板、中隔墙及外墙）。设置带宽为 1.0m 左右。

（3）后浇带处的钢筋必须贯通，不得截断。待两侧混凝土浇筑完毕至少 45d 后，将两侧的混凝土表面凿毛，用高一等级的补偿收缩微膨胀混凝土进行浇筑封闭，并加强养护。

（4）后浇带不设加强钢筋，两侧按施工缝处理。

（5）当管廊构件（板墙梁）沿纵向跳仓施工时，要求最后一段混凝土（不得为边跨）与前段浇筑时间差大于 42d，相邻段浇筑时间差大于 15d。

4.8.4 结构构造

（1）框架钢筋考虑顶板、底板外侧钢筋与侧墙外侧钢筋互锚 1/4 净跨，作为对方的支座附加钢筋。

（2）板、墙等面形构件，一般情况下受力方向钢筋布于构件外侧，非受力方向钢筋布在受力方向钢筋内侧。

（3）管廊侧墙与顶板、底板的腋角尺寸一般取 200mm×200mm，节点夹层处一般不设腋角。

（4）所有后期需要封堵的临时吊装孔，宜设置孔边企口（企口宽度 200mm），以利后期封堵。管廊顶板上的临时吊装孔周边宜设挡土墙，墙顶高出地面 0.3～0.5m。

（5）综合管廊结构主要承重侧墙与隔墙的厚度不宜小于 250mm，非承重侧墙和隔墙等构件的厚度不宜小于 200mm。

4.8.5 钢筋构造

（1）除注明外，顶板、底板的短向钢筋和侧墙的竖向钢筋为主受力筋。

（2）除注明外，箍筋、附加箍筋及吊筋等构造均应满足图集《混凝土结构施工图平面整体表示方法制图规则和构造详图》（22G101-1）中的要求和规定。

（3）当梁的主筋与板的受力筋同层时，视受力方向确定钢筋的上、下关系。顶板/中板：板筋在上，梁筋在下；底板：板筋在下，梁筋在上；当有多层钢筋时，按以上原则，多层穿插，即一层板筋一层梁筋。

（4）受力钢筋应根据内力包络图配置，不宜采取通长配筋方式，以降低钢筋用量。

（5）结构顶板、底板及边墙应设置双层钢筋，每侧分布钢筋配筋率：一般环境下不宜低于 0.2%，侵蚀性环境下迎土面不宜低于 0.25%。分布钢筋的直径不宜小于 16mm，间距不宜大于 200mm。

（6）混凝土综合管廊结构的受力钢筋配筋率宜为 0.6～0.8。

4.8.6 钢筋混凝土板构造

（1）板上孔洞应预留，不得后凿。

（2）当孔洞尺寸边长或孔径不大于 300mm 时，洞边不再另加钢筋，板钢筋不得截断，由洞边绕过。

（3）对于单向板，当矩形洞口在板主受力方向边长大于 1m 时，对双向板，当矩形洞口任意边长大于 1m 时，应设洞边加强梁。

（4）当孔洞尺寸边长或孔径大于 300mm，并且小于 1000mm 时，孔洞应设洞边加强筋。

①矩形洞口无梁边板上、下侧各附加 2 根直径 25mm 钢筋（HRB400E），距洞边 50mm 开始布置，间距 150mm；长度为单向板受力方向或双向板的两个方向沿跨度通长，并锚入墙或梁内，单向板的非受力方向洞口加强筋长度为洞宽加两侧各 L_{aE}。

②圆形孔洞边板上、下侧各附加 2 根直径 20mm 圆形加强筋（HRB400E），圆形直径为孔洞直径+100mm。

（5）对于不能绕过孔洞的板钢筋，遇孔洞弯折 15d 后截断，当有梁时尚应满足锚入梁的要求。若板厚度不满足要求，则可弯至对侧后再弯折 5d。

（6）板上、下侧双层钢筋之间用拉筋联结。非加密区拉筋直径：顶板、底板不宜小于 10mm；中板不宜小于 8mm；间距为不宜小于 3 倍分布钢筋钢筋间距，梅花形布置。

4.8.7 钢筋混凝土墙

（1）侧墙、中隔墙两侧双层钢筋网之间用拉筋连接。非加密区拉筋直径，侧墙不宜小于 10mm，中隔墙不宜小于 8mm，间距不宜小于 3 倍分布钢筋间距，梅花形布置。

（2）墙上孔（槽）必须预留，不得后凿。

（3）墙上挖槽时，对侧钢筋网正常通过。

（4）墙上孔（槽）水平边尺寸不大于 300mm 时，不设附加钢筋，墙内竖向钢筋避开孔（槽）布置，但根数不减少；水平钢筋遇孔（槽）时弯折 15d 后截断，当槽深不大于 100mm 时，水平钢筋在墙厚度方向绕过槽，不必截断。

（5）墙上槽水平边尺寸大于 300mm，但槽深不大于 100mm 时，不设附加钢筋，墙钢筋在墙厚度方向绕过槽。

（6）墙上孔（槽）水平边尺寸大于 300mm，且槽深大于 100mm 时，需设置附加钢筋或附加构造暗梁、暗柱。

4.8.8 钢筋的锚固与连接

（1）各层所有梁板、边墙、立柱受力钢筋均应满足图集《混凝土结构施工图平面整体表示方法制图规则和构造详图》（22G101-1）中的抗震锚固长度要求和规定。

（2）结构构件受力钢筋的连接可采用焊接或机械连接；当受力钢筋直径大于 25mm 时，宜采用机械连接。

（3）当钢筋采用焊接连接时，其位于同一连接区段内焊接接头的百分率、焊接材料、接头形式、焊接工艺、试验方法、质量要求及质量验收等，应符合《混凝土结构工程施工质量验收规范》（GB 50204—2015）、《钢筋焊接及验收规程》（JGJ 18—2012）等国家有关规范的要求。

（4）钢筋焊接前，必须根据施工条件进行试焊，合格后方可焊接。搭接焊焊接长度：双面焊为 5d，单面焊为 10d（d 为钢筋直径），焊缝厚度不应小于主筋直径的 3/10，焊缝宽度不应小于主筋直径的 7/10。

（5）当钢筋采用机械连接时，机械连接件必须是国家有关职能部门批准合格的产品，符合有关质量标准，并经现场试验合格后方可使用；钢筋接驳器应符合《钢筋机械连接技术规程》（JGJ 107—2016）的要求，性能等级为 I 级。

（6）钢筋接头位置宜设置在受力较小处，在同一根钢筋上应尽量少设接头。受力钢筋接头的位置应相互错开，采用焊接或机械连接时在连接区段内，受压区不限；连接区段长度取 35 倍钢筋直径和 500mm 之间的大值。

（7）对于框架梁、柱，纵向钢筋应避免在节点核心区和箍筋加密区设置接头。当确不能避免时，应采用机械连接接头，且钢筋接头面积百分率不应超过 50%。

（8）不等跨连续梁，其长短跨差异较大时，短跨的负弯矩筋不宜设置接头。

（9）悬挑梁、悬挑板的负弯矩筋在悬挑跨内不宜设置任何形式的钢筋接头。

4.8.9 混凝土保护层

（1）主体结构钢筋的混凝土保护层厚度应根据结构类型、环境条件和耐久性要求等确定。

（2）钢筋的混凝土保护层的厚度不得小于钢筋的公称直径。

（3）一般环境下最外层钢筋的最小净保护层厚度应符合表 4-6 的规定。

表 4-6   一般环境下最外层钢筋最小净保护层厚度   单位：mm

结构类别	明（盖）挖法结构		内部结构	
	顶板、底板及外墙		内部梁、柱	楼板、楼梯、内墙
	外侧	内侧		
保护层厚度	50	40	35	25

4.8.10   施工注意事项

（1）主体结构施工前应对已施工的围护结构进行复测，围护结构不得侵限；同时，对围护结构进行防渗堵漏处理。

（2）凿除或拆除临时构件时应考虑工序和措施，严禁影响结构安全。

（3）采用合理的浇筑顺序，尽量减少新浇混凝土硬化收缩过程中的拉应力与开裂。

（4）采取适当措施保证钢筋保护层尺寸及钢筋定位的准确性。宜采用专门加工的、定型生产的钢筋定位垫块或定位夹，提高钢筋施工安装的定位精度。

（5）板双层钢筋网之间宜设置垫块或凳筋，防止钢筋网挠度过大，确保受力钢筋的保护层厚度。

（6）所有配筋图中的钢筋长度均需现场实际放样，钢筋的锚固、接头长度需满足构造要求。

（7）后植筋需遵照《混凝土结构加固设计规范》（GB 50367—2013）、《混凝土结构后锚固技术规程》（JGJ 145—2013）执行，并应定期检查其工作状态，使用年限到期后应进行可靠性鉴定。

（8）各层板的临时封堵孔处的施工缝采用预埋钢筋接驳器的方式进行钢筋连接，在后浇混凝土结构施工前，需对施工缝及预埋钢筋接驳器进行保护。

（9）侧墙、顶板混凝土达到强度后，应及时铺设防水层、保护层，覆土回填，避免顶板长期受强烈日光暴晒。保护性覆土回填的厚度为 0.5m，分三次碾压夯实。完成保护性覆土后，顶板上的超载限值为 20kPa。

（10）整个工程施工完毕之后，应按规划地面高程进行覆土回填。为保证结构安全（抗浮及承载），严禁随意更改覆土厚度及高程。

4.9   防水工程

4.9.1   一般要求

（1）综合管廊防水设计应遵循"以防为主、刚柔相济、多道设防、因地制宜、综合治理"的原则。

（2）综合管廊防水等级不应低于二级；综合管廊通风机房、变电所结构部位，防水等级宜为一级。

（3）综合管廊迎水面主体结构应采用防水混凝土，并根据防水等级的要求设置相应的柔性防水层。

（4）外设防水层材料应着重其耐水性、耐久性、施工工艺简单、环保的特性。优先选用不易窜水的防水材料和防水系统，降低渗漏发生风险。

（5）综合管廊的变形缝、施工缝、穿墙管、预埋件、预留通道接头、桩头等细部构造应多道设防，加强防水措施。

（6）综合管廊的燃气舱与其他舱室应做好舱内结构接缝的密封密闭防水措施。

（7）采用预制拼装的管廊，预制构件应采用防水混凝土，接缝采用橡胶密封垫等柔性密封措施。

（8）通风口、投料口、出入口采取防地面水倒灌措施。

4.9.2 结构自防水

（1）防水混凝土的设计抗渗等级应符合表4-7中的规定。

表4-7 防水混凝土的设计抗渗等级

结构埋置深度（m）	设计抗渗等级	
	现浇混凝土结构	装配式钢筋混凝土结构
$h<10$	P6	P10
$10\leqslant h<20$	P8	P10
$20\leqslant h<30$	P10	P10
$h\geqslant30$	P12	P12

（2）防水混凝土的施工配合比应通过试验确定，试配混凝土的抗渗等级应比设计提高0.2MPa。

（3）富水、种植顶板、地质条件较差地段，当$h<10$m时，防水混凝土的抗渗等级不应小于P8。

（4）防水混凝土结构底板的混凝土垫层，强度等级为C20，厚度不应小于100mm。

（5）防水混凝土结构厚度不应小于250mm；变形缝处厚度不应小于300mm。

（6）防水混凝土最大裂缝宽度应满足结构设计要求，并不得贯通。

（7）防水混凝土使用的材料、配合比、施工、养护等要求均应符合当地及国家关于混凝土材料及施工技术规程的规定，并与结构耐久性设计要求匹配。

（8）防水混凝土中各种材料的总碱量（氧化钠当量）不得大于3kg/m³；氯离子含量不应超过胶凝材料总量的0.1%。

（9）防水混凝土的外加剂种类选择、掺量、施工等应满足《混凝土外加剂应用技术规范》（GB 50119—2013）的要求。

（10）补偿收缩混凝土施工宜满足《补偿收缩混凝土应用技术规程》（JGJ/T 178—2009）的技术要求。

4.9.3 外设防水层

（1）综合管廊地下结构外设防水层选材应与结构工法相匹配。

（2）综合管廊外设防水层选材种类不宜过多，避免不同材料的搭接过渡。不同材料宜具备相容性，包括施工工艺。

（3）综合管廊结构底板宜采用预铺反粘的卷材、涂料类防水方式；顶板、侧墙及二层结构宜采用涂料类防水方式。

（4）有机涂料防水层的厚度不应小于 1.5mm；高分子片材厚度不应小于 1.2mm；预铺高分子防水卷材厚度不应小于 1.5mm；塑料防水板厚度不应小于 1.5mm；自粘聚合物改性沥青防水卷材厚度不应小于 1.5mm（N 类）、3.0mm（PY 类）。

（5）综合管廊顶板上有绿化种植且覆土厚度小于 2m 时，须设置一道耐根穿刺防水卷材，其可替代表 4-8 中顶板防水层中的卷材防水层。

（6）预制拼装结构，宜设置外包涂料防水层。

表 4-8　综合管廊外设防水层选择方案

类型	序号	顶板、侧墙	底板	备注
明挖放坡	1	聚氨酯防水涂料	预铺防水卷材 P 类；预铺类卷材＋自粘类卷材	涂料在 5℃ 以下不能施工
	2	非固化橡胶沥青防水涂料＋TPO（热塑性聚烯烃）自粘高分子片材	非固化橡胶沥青防水涂料＋预铺 TPO 高分子片材	当高温施工时，侧墙应有防流挂措施，或采用特种非固化橡胶沥青涂料；自粘卷材含交叉层压膜类
	3	非固化橡胶沥青防水涂料＋自粘聚合物改性沥青防水卷材（N 类、PY 类）	非固化橡胶沥青防水涂料＋自粘聚合物改性沥青卷材（N 类、PY 类）、预铺防水卷材	
	4	喷涂橡胶沥青防水涂料	喷涂橡胶沥青防水涂料、预铺防水卷材	
	5	双层自粘聚合物改性沥青防水卷材（N 类、PY 类）	自粘卷材＋预铺防水卷材 P 类	卷材搭接密实；能与混凝土基面满粘密实；不应采用热熔法沥青类卷材
明挖复合式结构	6	顶板参考明挖放坡做法；侧墙与底板一致	预铺防水卷材 P 类；或自粘卷材＋预铺防水卷材、防水砂浆＋预铺防水卷材	

4.9.4　特殊部位防水措施

（1）结构接缝防水设计应满足表 4-9 中的要求。

表 4-9　结构接缝防水设计要求

工程部位		主体				施工缝				后浇带				变形缝			
防水措施		防水混凝土	防水砂浆	防水卷材	防水涂料	混凝土界面剂（含水泥基渗透结晶型防水涂料）	外贴式止水带	中埋式止水带	遇水膨胀止水条（胶）	预埋注浆管	补偿收缩防水混凝土	外贴式止水带	预埋注浆管	遇水膨胀止水条（胶）	防水密封材料	中埋式中孔型橡胶止水带	外贴式止水带	可卸式止水带	防水密封材料	预埋注浆管
防水等级	一级	必选	应选两种			必选	应选两种				必选	应选两种			必选	应选两至三种			
	二级	必选	应选一至两种			必选	应选一至两种				必选	应选一至两种			必选	应选一至两种			

注：施工缝中埋式止水带含中埋式橡胶止水带和中埋式丁基橡胶钢板止水带；镀锌钢板止水带在满足现场复检、可测试镀锌层厚度时方可在二级设防的施工缝采用。

（2）施工缝应满足以下规定：

①水平施工缝在浇筑混凝土前，应将其表面浮浆和杂物清除，先铺净浆或涂刷混凝土界面处理剂、水泥基渗透结晶型防水涂料，再铺 30～50mm 厚的 1:1 水泥砂浆，并及时浇筑混凝土。

②垂直施工缝在浇筑混凝土前，应将其表面凿毛并清理干净，涂刷混凝土界面处理剂或水泥基渗透结晶型防水涂料，并及时浇筑混凝土。

③墙体纵向第一道水平施工缝不应留设在剪力与弯矩最大处及底板与侧墙的交接处，应留设在高出底板表面不小于 300mm 的墙体上。

④施工缝部位防水可采用中埋式止水带、中埋式钢边橡胶止水带、镀锌钢板止水带、钢板腻子止水带、外贴式止水带、遇水膨胀止水条、遇水膨胀止水胶、全断面注浆管等防水构件。

⑤盖挖逆筑的板下缝、干廊与支廊接口等无法设置中埋式止水构件的施工缝，采用双道止水胶＋全断面注浆管的方式进行防水处理。

（3）变形缝防水措施应满足表 4-10 中的要求。

表 4-10 变形缝防水措施设计要求

施工方法	顶板变形缝	侧墙、底板变形缝
明挖盖挖	迎水面聚硫橡胶密封胶嵌缝； 中埋式钢边橡胶止水带； 背水面聚硫橡胶密封胶或聚氨酯密封胶嵌缝	外贴式止水带； 中埋式钢边橡胶止水带； 背水面嵌缝
暗挖	外贴式止水带＋中埋式钢边橡胶止水带＋背水面嵌缝	

（4）变形缝采用的中埋式止水带中孔直径不得小于变形缝宽；结构内接水盒设置于结构背水面变形缝（不含底板），接水盒预留凹槽处不得露出钢筋；不渗漏的变形缝处可不设置接水盒；变形缝迎水面须设置外包防水层的加强层。

（5）后浇带防水宜满足以下要求：

①后浇带应在其两侧混凝土完成预计变形且混凝土龄期达到 42d 后再施工。后浇带混凝土应一次浇筑，浇筑后养护时间不得少于 28d。

②后浇带迎水面均设置外贴式橡胶止水带（不含结构顶板、放坡侧墙）；后浇带应设置加强钢筋，后浇带混凝土强度等级应高于两侧混凝土一个等级。

③后浇带宜采用补偿收缩混凝土浇筑，其强度等级和抗渗等级不应低于两侧混凝土。

（6）穿墙管与内墙角、凹凸部位的距离应大于 250mm，相邻管间距应大于 300mm，并应在浇筑混凝土前预埋。

（7）穿墙管防水应预埋防水套管；在结构中部应设置止水钢板（止水法兰），并增设遇水膨胀止水条（胶）；防水层在管根部做密封收头处理。

4.10 抗震设计

4.10.1 抗震设防烈度

根据《河北雄安新区规划纲要》规定：雄安新区抗震基本设防烈度 8 度，学校、医院、生命线系统等关键设施按基本烈度 8 度半抗震设防。综合管廊属于生命线工程，按基本烈度 8 度半抗震设防，地震动峰值加速度为 $0.3g$。

4.10.2 抗震要求

（1）综合管廊应进行设计地震（基本烈度地震）作用下的内力和变形分析，结构与构件处于弹性工作状态。

（2）综合管廊的抗震设计，当遭受相当于本工程抗震设防烈度的设计地震（基本烈度地震）影响时，综合管廊不损坏或仅需对非重要结构部位进行一般修理。

4.10.3 抗震计算方法

（1）根据《地下结构抗震设计标准》（GB/T 51336—2018），对于综合管廊抗震分析，采用反应位移法计算。

（2）采用反应位移法计算时，地震对综合管廊的影响主要体现在三个方面：一是结构构件本身惯性力的影响，二是综合管廊周围土体在地震作用下产生水平位移，三是结构周围土体的剪切力对地下结构内力的影响。反应位移法的抗震计算简图如图 4-2 所示。

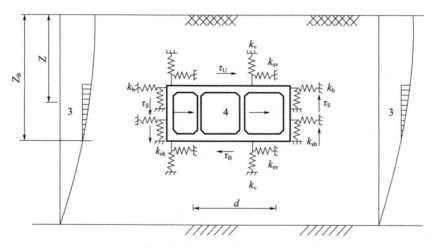

图 4-2 横向地震反应计算的反应位移法简图

（3）对于复杂节点，必要时应考虑采用时程分析等方法进行罕遇地震作用的计算。

4.11　预留预埋设计

结构预留预埋主要有两类：一是安装维修需要的吊环、滑轨；二是各入廊管线固定需要的支墩、支架、剪力墙、预埋槽等。所有钢构件均应进行防腐处理。

4.11.1　电力、通信和小直径管线预埋槽道

（1）预埋槽道的设计输入包括但不限于托臂上管线荷载、槽道规格。

（2）预埋槽道沿管廊纵向间距应由相应管线单位确定。

（3）预埋槽道厂家应提供相应计算书，经管廊结构设计复核满足要求后方可用于施工。

4.11.2　给水、再生水、雨水、污水管线支墩（架）预留预埋

（1）支墩（架）的大小、位置和间距，应由管线设计单位确定，并提出预埋件的受力。

（2）支墩的预留预埋仅预留插筋，支架的预留预埋需预埋锚筋和钢板。

4.11.3　热力管线支墩（架）预留预埋

（1）支墩（架）分为固定支墩（架）、滑动支墩（架）、导向支墩（架）三类。应根据不同支墩（架）的水平力和竖向力进行设计。

（2）支墩（架）的大小、位置和间距，应由管线设计单位确定，并提出预埋件的受力需求。

（3）支墩的预留预埋仅预留插筋，支架的预留预埋需预埋锚筋和钢板。

（4）固定支墩（架）的推力较大，其结构形式由热力管线设计单位主导确定，同时需经管廊设计单位认可。对于固定支墩（架）位置处，应核算管廊结构构件的截面和配筋是否满足受力需求，同时核算预埋件或插筋是否满足受力需求。滑动和导向支墩（架）的推力较小，其计算内容同固定支墩（架）的预留预埋。

（5）支墩（架）的位置宜满足表4-11的要求。

表4-11　支墩（架）的位置

支架类型		埋件中心距离变形缝或节点的最小距离（m）	支架类型	埋件中心距离变形缝或节点的最小距离（m）
固定支架	轴向推力≤200kN	3	滑动支架	1
	200kN＜轴向推力≤700kN	5	导向支架	1

4.11.4　管线安装吊环预留预埋

（1）吊环垂直于管廊的位置应按便于管线吊装进行确定。电力舱吊环一般居于舱室中间，综合舱、热力舱和燃气舱等有管线的舱室，吊环一般居于管线正上方。

（2）吊环直径不大于14mm时应采用HPB300钢筋制作，吊环直径在16～25mm时

应采用 Q235B 钢棒制作。严禁使用冷加工钢筋。

（3）管廊顶板上吊环，距离变形缝和热力支架在顶板的位置不小于 500mm。

（4）为保证安装使用方便，吊环露出板表面的高度不得小于 80mm。吊环露出板面的部分应进行防腐处理，涂刷前应进行除锈，除锈等级 Sa2.5 级。防腐处理可参考表 4-12。

表 4-12　防腐处理要求

涂料名称	底层	中间层	面层
	环氧富锌底涂料	环氧云铁中间涂料	聚氨酯面涂料
遍数（次）	2	2	3
厚度（μm）	70	110	100
总厚度（μm）	280		

4.11.5　管线安装滑轨预留预埋

（1）为便于吊装口处管线的水平运输，设置滑轨，一处吊装口设置两组滑轨。滑轨采用 H 型钢。

（2）滑轨起重质量由工艺等相关专业提供，一般为 2t。

（3）滑轨型号、锚固点数量和位置应由计算确定。

（4）滑轨预埋件采用直锚筋的方式，锚板厚度不小于 18mm。

（5）滑轨设置多个锚固点，锚固点间距不大于 2m。锚固点优先设置于梁内，也可设置于板内。

（6）滑轨与锚固结构之间的净距不得小于 200mm，也不应过大，以免影响净空。

（7）滑轨型钢两端应设置车挡，车挡距离滑轨端头不应小于 20mm。车挡距离最近锚固点的距离不得大于 500mm。

第5章 基坑支护设计

5.1 设计原则

（1）基坑支护设计是一个系统工程，基坑支护应同时满足下列功能要求：

①保证基坑周边建（构）筑物、管线、道路等的安全和正常使用。

②保证主体地下结构的施工空间及其安全。

要确保以上要求，基坑支护设计时就必须考虑基坑所处的水文地质条件、周边环境、支护结构选型及参数设计，另外还要通过监测，动态掌握基坑开挖过程中位移、变形等参数是否按照设计预期发展以及超出预警值时需采取的应急预案等，这就要求基坑支护设计文件中包含边界环境调查、水文地质条件勘察、基坑支护设计、地下水控制设计、基坑监测设计、风险工程安全设计、基坑危大工程设计、应急预案设计等内容。

（2）围护结构宜采用以分项系数表示的极限状态设计法设计，分项系数取1.25。

（3）地下结构的基坑支护按临时构件进行设计，设计使用年限为1年，宜按荷载效应的基本组合进行极限承载能力计算，同时不考虑耐久性设计要求。

（4）基坑安全等级根据国家标准、地方标准确定。

（5）在验算围护结构强度时，当围护结构的安全等级为一级时，结构重要性系数不小于1.1；当围护结构的安全等级为二级时，结构重要性系数不小于1.0；当围护结构的安全等级为三级时，结构重要性系数不小于0.9。

（6）围护结构应满足基坑稳定要求，不产生倾覆、滑移和局部失稳破坏，基坑不发生渗流破坏，坑底不产生管涌、隆起超限破坏。支撑系统不失稳，围护结构构件不发生强度破坏。

（7）围护结构一般按强度设计，不进行裂缝验算；当结构作为抗浮构件时，应进行裂缝宽度验算，结构构件截面计算正常使用极限状态验算的最大裂缝宽度不大于0.2mm。

（8）黏性土采用水土合算，砂性土采用水土分算，土压力采用主动土压力计算。

（9）兼作止水帷幕的围护结构的嵌入深度除满足上述第（6）条要求外，还应结合基坑降水设计统筹考虑。

（10）基坑降水一般采用坑内降水方式，根据周边环境及地质情况进行降水设计，宜通过围护结构或止水帷幕截断基坑内外的水力联系。坑底无天然止水层时，需人为创造止水层，实现封闭止水。对于采取深层降水减压措施的基坑，对降水引起的环境影响应进行预评估，并经现场试验予以确认和调整。

5.2　勘察要求及环境调查

（1）基坑支护设计前应查明周边环境条件、探明工程地质条件和水位地质条件。

基坑周边是否有建筑物、管线、道路等构筑物会影响基坑的开挖，开挖条件是决定开挖方式的首要条件，如周边场地开阔，周边无构筑物，一般可以采用放坡开挖，若有邻近构筑物（距离基坑开挖线2倍基坑深度范围内），一般会考虑支护开挖，再比如基坑在主干道下，交通压力较大，可能会考虑采用盖挖、暗挖、顶推等特殊工法施工。

基坑开挖使用过程中周边构筑物作为环境风险，是监测的重点内容。

水文地质条件会影响基坑设计的具体参数（如放坡率、支护桩桩径及嵌固深度、设置支撑道数、是否需要降水、是否设置止水帷幕等），是基坑稳定性验算和构件强度验算的重要依据。

（2）基坑工程的岩土勘察应满足相关规范要求，其中关于地勘布孔，河北省工程建设标准《建筑基坑工程技术规程》[DB 13（J）133—2012]关于勘探点间距要求"宜取15～30m"，该要求与雄安新区多个已实施项目实际不符，勘探点间距应以查明地质情况同时兼顾经济合理为原则，结合类似项目经验，合理布置勘探点。关于钻孔深度要求，结合项目经验，建议放坡开挖段不小于2倍基坑深度，支护段不小于3倍基坑深度。

（3）水文地质条件应包含地形地貌、工程地质、水位地质、不良地质及特殊性岩土、地震烈度、基坑工程相关岩土参数等内容。

（4）环境调查应包含周边建（构）筑物、地下管线、周边道路及地表水系情况等内容。

该内容需着重注意影响范围内无迁改条件的构筑物及地下管线，根据地下工程建设风险发生的概率和损失等级划分风险等级，深化设计内容，通过技术、经济比较分析，制定具有针对性和可操作的风险控制措施，保证工程自身和周边环境的安全。

5.3　围护结构设计

围护结构设计应包含设计原则、设计标准、围护结构选型、围护结构设计计算等内容。

5.3.1　基坑设计原则

（1）支护结构设计应从各自的建设条件出发，根据施工环境、工程水文地质，以及冬季气候等自然条件和城市总体规划要求、按照工程筹划的要求、地面交通组织的处理方式，本着技术先进、安全可靠、经济适用的原则综合评价环境影响、使用效果等，合理选择结构形式和施工方法。

（2）支护结构应进行稳定性、强度、变形验算。

一般情况下，标准段部分可沿线路纵向取单位长度，根据设定的开挖工况和施工顺序按竖向弹性地基梁模型逐阶段进行其内力及变形计算，地层抗力可用弹簧模拟。当计入支撑作用时，应考虑每层支撑设置时墙体已有的位移和支撑的弹性变形。

（3）基坑设计应严格控制地下水、基坑开挖引起的地面沉降量。应对土体位移可能引起的对周围建筑、构筑物、地下管线产生的危害加以预测，并提出安全、经济、技术合理的基坑支护措施。

（4）地下结构宜采用信息化设计和施工方法，为此需建立严格的监控量测和信息反馈制度。监控量测的目的、内容和技术要求应根据施工方法、结构形式、环境条件等综合分析确定。

5.3.2　基坑支护设计标准

（1）根据《建筑基坑支护技术规程》（JGJ 120—2012）和河北省工程建设标准《建筑基坑工程技术规程》[DB13（J）133—2012]，综合考虑基坑深度、周边环境条件、岩土工程条件的复杂程度等因素，确定基坑安全等级，并按此等级对基坑稳定性及变形进行验算。

（2）基坑支护设计使用年限按 1 年考虑。

（3）基坑顶部 2m 范围内禁止走车、超载或者任何形式的荷载，2m 范围外考虑活荷载 $q \leqslant 20kPa$。

（4）基坑支护结构承载能力及土体稳定性按承载能力极限状态采用基本组合进行计算，基本组合综合分项系数为 1.25；基坑支护结构及土体的变形按正常使用极限状态采用标准组合进行验算。

（5）基坑支护结构应满足基坑稳定要求，不产生倾覆、滑移和局部失稳，基坑底部不产生管涌、隆起，支撑系统不失稳；支护结构构件不发生强度破坏。支护体系应保证周边道路安全。

5.3.3　围护结构形式

常用围护结构形式有自然放坡、土钉墙、桩撑支护等。

1. 自然放坡

（1）自然放坡开挖一般适用于浅基坑。由于基坑敞开式施工，工艺简单、造价经济、施工速度快。基坑应进行坡面防护，具体可采取水泥砂浆抹面、挂网喷射混凝土、装配式护坡等形式。

（2）自然放坡开挖要求具有足够的施工场地与放坡范围，开挖引起的位移与沉降均较大，附近有其他工程施工时相互干扰较大。基坑较深时，开挖及回填土方量很大，回填土沉降不易控制。

（3）自然放坡示意图如图 5-1 所示。

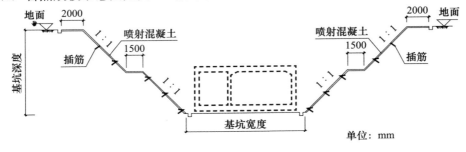

图 5-1　自然放坡示意图

（4）管廊基坑无特殊情况，具备放坡开挖条件的均采用放坡开挖，开挖时需注意邻近管线工程是否具备同槽开挖条件，避免成形的坡面防护因其他原因被破坏。

2. 土钉墙

（1）土钉墙支护方式是每挖土一皮，施加一道土钉，随挖随做直至坑底，施工时可以流水作业。土钉墙墙面应取合适的坡率，当基坑较深、土的抗剪强度较低时，宜取较小坡率。土钉墙应设置面层，土钉与面层必须进行有效连接。

（2）土钉墙施工设备及工艺简单，对基坑形状适应性强；坑内无支撑体系，可实现敞开式开挖；施工所需场地较自然放坡小，支护结构不占用场地内的空间。同时沉降和变形较大；土钉需占用坑外地下空间，基坑施工完毕后，土钉将成为地下障碍物，基坑周边有其他工程时对其影响较大。

（3）土钉墙支护示意图如图 5-2 所示。

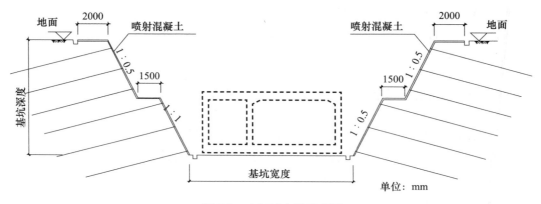

图 5-2　土钉墙支护示意图

（4）土钉墙支护方式由于打设土钉较长，不利于道路范围内其他管线基坑的开挖，无特殊情况时，不采用该方式。

3. 桩撑支护

（1）钻孔灌注桩＋钢（混凝土）支撑支护体系（以下称桩撑支护），内支撑可以直接平衡两端围护墙上所受的侧压力，构造简单，受力明确，支撑、围檩系统可重复利用。

（2）桩撑支护具有地层适应性强、占用场地较小、无须占用基坑外侧地下空间资源、可提高围护体系的整体强度和刚度、有效控制基坑变形等优点，工程应用范围广泛，尤其适用于基坑较深的情况。基坑周边有其他工程施工时，可有效减少交叉干扰。但桩撑支护施工工期长，造价较高。

（3）桩撑支护示意图如图 5-3 所示。

（4）管廊基坑不具备放坡开挖条件时，若用桩撑支护方式无法设置内支撑，则可采用桩锚支护。

4. 其他支护形式

基坑还可采用钢板桩支护、钢管桩支护等可回收的围护结构支护方式，并可采用成熟的"四新技术"，节约工程造价。

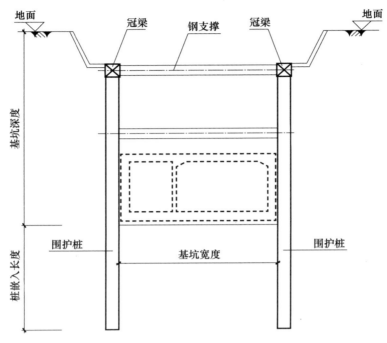

图 5-3　桩撑支护示意图

5.3.4　围护结构形式的确定

（1）场地开阔，具备放坡开挖条件时，优先选用自然放坡或土钉墙支护形式；两侧均不具备放坡开挖条件时，应采用桩撑支护形式；只有一侧具备放坡开挖条件时，基坑采用自然放坡或土钉墙支护形式，另一侧采用桩锚支护形式。

（2）周边环境变形要求高的区段，应采用刚度大的支护形式，以控制地层变形。

（3）基坑围护结构的选型，应考虑周边地块的开发建设情况，统筹考虑。

5.3.5　围护结构设计计算原则

1. 荷载分类和组合

（1）永久荷载：包括结构自重、覆土压力、水土侧压力、水浮力。

（2）可变荷载：包括地面荷载（汽车荷载、施工荷载）。

（3）荷载组合：基坑支护结构构件承载能力计算的荷载效应组合，应按承载能力极限状态下荷载效应的基本组合，作用分项系数均为 1.25，抗力限值采用结构设计限值。

2. 围护结构计算原则

①结构内力和变形计算，宜采用竖向弹性地基的基床系数法计算。

②计算时应考虑支撑点的位移、施工工况及支撑刚度对结构的内力与变形的影响，按"先变形、后支撑"的原则进行结构分析。

③土体的弹性抗力应根据地基土的性质、地基加固方式、基坑分步限时开挖和支撑的施工参数，以及地勘报告和成功类似工程经验，合理选取适当的水平和竖向基床系数进行计算。

3. 基坑稳定验算内容

①基坑底部土体的抗隆起稳定性及桩底抗隆起稳定性。

②抗渗流（管涌）稳定性验算（如果存在地下水）。

③抗承压水稳定性验算（如果基坑下部埋藏有承压水或微承压水）。

④围护结构的抗倾覆稳定性验算。

⑤围护结构和地基的整体抗滑动稳定性验算。

基坑工程稳定性验算内容见表 5-1。

表 5-1 基坑工程稳定性验算内容

支护类型	整体失稳	抗滑移	抗倾覆	抗隆起		抗管涌或渗流	抗承压水突涌
				围护墙以下土体上涌	坑底土体上涌		
放坡	△	—	—	—	—	—	△
重力式围护结构	△	△	△	△	—	△	△
桩墙式围护结构	△	—	△	△	△	△	△

注：—表示不选用；△表示选用。

4. 围护桩推荐值

钻孔灌注桩桩径宜取 800～1000mm，钢板桩宜取 SP-Ⅳ 形，并根据围护结构计算确定。

围护结构的配筋由其内力包络图按相应规范进行配筋计算，配筋率应满足相关规范要求。

5.4 地下（表）水控制

基坑开挖及使用需在无水环境下进行，基坑必须考虑充足的截、排水措施，当地下水位高于基坑底标高时，还需考虑必要的降水措施。

结合已实施项目经验，基坑外需设置挡水板或截水沟，基坑底两侧需设置排水沟和集水井。

地下水位高于基坑底标高时，若水头高差不大且位于非透水层，可优先采用集水明排法降水；若水头高差较大或位于透水层，则需考虑井点降水，降水困难时还需考虑设置止水帷幕。

雄安新区水位一般在地面以下 12m 左右，在地面以下 6m 以上会常遇到粉砂、粉土等强透水层，基坑设计时需特别注意地下水处理。

围堰设计应满足《水利水电工程围堰设计规范》（SL 645—2013）相关要求。围堰设计需结合路基方案实施，管廊位于道路红线范围内时，一般由路基专业统筹围堰方案。

基坑降水设计需紧密结合基坑支护方案。一般放坡开挖需考虑坑外降水；支护开挖并形成止水帷幕时，需考虑坑内降水。降水方式的选取需根据降水深度及地质情况灵活选取。

基坑降水设计应满足《建筑与市政工程地下水控制技术规范》（JGJ 111—2016）相关要求，并应符合下列规定：

（1）一般采用基坑内降水方案，要求基坑内潜水水位降至基坑开挖面以下 $0.5\sim$ 1m，承压水满足抗承压水稳定性要求，安全系数不宜小于 1.1，坑底有群桩基础或经加固处理时可取 1.05。降水应采用"分层降水、按需控制、动态调整"的原则。

（2）针对潜水层或已截断承压水的基坑降水作业，施工过程中坑外地下水位下降值应不大于 0.5m/d，累计下降值应不大于 1m。未隔断承压水的地下水位变化控制标准，应根据周边环境条件单独研究确定。

（3）降水前应进行以环境控制为目的的抽水试验，基坑降承压水前必须做抽水试验。

（4）降水井、减压井布置应避开梁、柱、临时支撑及主要施工运输通道。

（5）基坑开挖前 $15\sim20d$ 开始降水，以疏干并加强坑内土体强度，基坑降水切不可一次降到底，需和开挖同步，"按需降水"。根据地质报告中承压水水位，要求减压井在下阶段开挖实施前 $5\sim10d$ 提前减压。备用减压井的开启条件应结合现场坑外水位监测，以监测数据作为备用减压井的开启条件。

（6）必须待第一道混凝土支撑达到设计强度的 80％以后，方可进行降水试验，开始降水。

（7）施工抽降水实施前的降水试验应达到以下目的：

①检验降水井布置、井管施工质量及其实施效果，发现问题应采取补井、洗井等措施。

②取得直观数据，进一步完善和优化降水运行方案。

③结合监测，评估围护结构的截水效果及地表沉降等环境影响，发现问题及时补救。

（8）减压井应采取可靠的施工工艺和措施，避免井内潜水与承压水的连通。

（9）应严格控制降水、减压量；降水过程中，应观察降水抽出的地下水含泥量，发现水质浑浊时，应分析原因，及时处理。

（10）应在降水影响范围内建立严密的监测网，监测坑内外水位、水压及引起的周边环境变化，对降水引起的环境影响应进行专项分析。如采取深层降水减压措施，对减压引起的环境影响应进行预评估，并经现场试验予以确认和调整。

（11）底板施工前可结合出水量及降水效果封闭部分降水井，主体结构封闭、覆土完成后方可全部封井。降水井井点管拔除后，应及时将井孔回填封闭。

（12）抽降水实施须在围护结构封闭后，且结合其施工记录、检测中发现的问题采取可靠的补救措施后进行。抽降水实施前应先制定风险应急预案和抢险、备用措施。

（13）应进行专项降水设计和对周边环境的影响分析并通过审批，且由有资质的专业队伍实施。

5.5　基坑开挖及回填

5.5.1　基坑开挖要求

（1）基坑开挖前，应对施工影响范围内的建（构）筑物和地下管线等的种类、基础形式、埋深、结构现状、与基坑的关系等情况进行进一步调查、落实，制定合理的处理措施（拆迁、改移、保护或加固预案）和监测措施，并经产权单位确认，确保施工期间地下管线安全正常使用及基坑施工安全。

（2）基坑周边应设置截、排水设施，防止雨水及施工污水流入基坑。场地内地面排水采用明沟排水，排水沟沿坡顶在基坑外侧构筑，基坑周边地面宜做硬化或防渗处理，施工用水应设排放系统，不得渗入土体内。做好基坑内排水工作，基坑底设置盲沟、集水坑，并设置排水设备及时抽排，保证基坑内施工在无水条件下进行。当基坑底位于地下水位以下时，应考虑降水措施，将地下水位降低至基坑底以下，基坑回填完成之前不得停止降水作业。

（3）当支护结构构件强度达到设计强度时，方可向下开挖。

（4）应按支护结构设计规定的施工顺序和开挖深度分段、分层开挖，及时支护，严禁超挖，并注意基坑的边坡稳定。纵向分段开挖应控制纵向坡率，避免形成过陡的纵向临时边坡，引起失稳。

（5）支护段与放坡开挖段的衔接段，因支护开挖段围护结构形式较复杂且施工难度高，要求先施做支护开挖段，放坡开挖段位于支护开挖段30m范围内的区域严禁在支护段施工完成前开挖，以保证支护段的基坑安全。

（6）基坑周边荷载不得超过设计荷载。基坑周边不宜堆土，若现场有堆土，堆土距离基坑边缘的距离不得小于一倍的基坑深度。

（7）当开挖揭露的实际土层性状或地下水情况与设计依据的勘察资料明显不符，或出现异常现象、不明物体时，应停止开挖，并通知监理、设计、业主等单位，在采取相应处理措施后方可继续开挖。

（8）基坑开挖过程中，机械开挖至设计基底标高以上300～500mm后，改用人工开挖，避免扰动基底地层。

（9）基坑开挖完成后，应及时清底，并会同各有关部门，做好验槽工作。验槽合格后，立即进行基础施工，防止暴晒和雨水浸泡对地基土的破坏。

（10）基坑开挖前施工单位应预计事故发生的可能性，制定施工应急预案，施工前准备足够数量的抢险应急材料，如支撑、沙袋等，做好基坑抢险加固的准备工作。基坑开挖引起流沙、涌土或坑底隆起失稳，或围护结构变形过大或有失稳前兆时，应立即停止施工，并采取切实有效的措施，确保施工安全、顺利进行。

（11）在基坑开挖过程中，应根据监测信息及时调整挖土程序。

5.5.2　基坑回填要求

（1）填土中不得含有草、垃圾等有机质。现场挖出的杂填土、淤泥及有机质含量大于5％的腐殖土不能作为回填土。

（2）回填前应对备用的回填土进行试验，确定最佳含水量，并做压实试验。

（3）基坑回填应保证合理作业时间，以满足回填土压实度要求。若由于工期受限等原因，可采取回填土改良措施，如采用3％灰土等，满足回填土压实度要求。

（4）顶板施工完毕，混凝土达到设计强度后，应及时施做防水层、回填覆土。回填时应注意避免结构不均匀受力。回填土应分层夯实。

（5）顶板回填紧随防水施作，切勿暴晒引发结构温差裂缝。

（6）桩撑支护的基坑，回填至支撑底面之下不低于 0.5m 之后，进行支撑的拆除施工。拆支撑时应加强对结构及周边环境的监测工作，发现问题及时调整施工方案。

（7）桩撑支护的基坑，在未达到支护结构设计规定的拆除条件前，严禁拆除支撑。

（8）回填区域为市政道路时，基坑回填应满足市政工程设计规范的相应要求。

（9）基坑回填压实度应满足综合管廊和道路相关规范要求。不同范围的分界处，应设置台阶。放坡开挖的肥槽底部，由于不具备机械作业空间，可采用中粗砂等材料回填，满足压实度要求。

（10）回填土满足压实度要求，一般情况下应能满足道路承载力及沉降要求。对于管廊埋深较大的情况，为避免因管廊结构边墙两侧回填土厚度差异较大出现较大差异沉降、引起道路路面开裂的情况，可在道路设计中采取对道路路面结构加铺土工格栅等措施。

基坑回填要求的典型断面如图 5-4 所示。

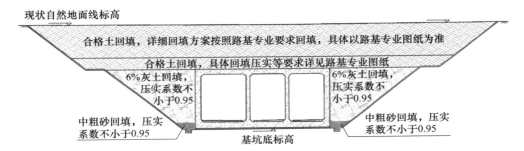

图 5-4　基坑回填要求的典型断面

5.6　基坑监测设计

建筑基坑工程设计阶段应由设计方根据工程现场及基坑设计的具体情况，提出基坑工程监测的技术要求，主要包括监测项目、测点布置、监测频率和监测报警值等。

5.6.1　监测目的

（1）根据监测结果，发现发生危险的先兆，判断工程的安全性，决定是否需要对支护结构、地面建筑物和地下管线采取保护或加固措施，以确保支护结构的稳定及环境的安全，防止工程事故的发生。

（2）以基坑监测的结果指导现场施工，进行信息化反馈优化设计，使设计达到优质、安全、经济合理、施工快捷。

（3）在施工过程中通过实测数据检验工程设计所采取的各种假设和参数的正确性，及时改进施工技术或调整设计参数以取得良好的工程效果，做到信息化施工。

（4）使参建各方能够完全客观真实地把握工程质量，掌握工程各部分的关键性指标，确保工程安全。

（5）累积工程经验，为提高基坑工程的设计和施工整体水平提供基础数据支持。

5.6.2　监测项目

各级基坑设计，应对基坑及其影响范围内可能产生的地表及建（构）筑物的变形、支护结构的应力应变和地下水的动态变化进行监控量测。基坑监控量测项目见表 5-2。

表 5-2　基坑监控量测项目

监控量测项目	一级	二级	三级
支护结构水平位移	应测	应测	选测
墙顶沉降	应测	应测	应测
坑外地表沉降	应测	应测	应测
周围建（构）筑物、地下管线变形	应测	应测	应测
地下水位	应测	应测	应测
支护结构内力	宜测	选测	选测
支撑轴力	应测	应测	应测
立柱变形	应测	应测	选测
土体分层竖向位移	选测	选测	选测
基坑回弹	选测	选测	选测
支护结构界面上侧向压力	选测	选测	选测
孔隙水压力	选测	选测	选测

注：1. 如有可靠经验或依据，为节省造价，上述项目也可酌情减少。
　　2. 当有科研要求时，应根据其要求，进行相关项目的量测。

5.6.3　测点布置

（1）一般情况下，基坑周边地面沉降及围护结构变形的监测断面间距宜为 20m，地下水位监测断面间距宜为 20～50m。

（2）对邻近基坑的建筑物，直接在建筑墙上布设沉降测点。测点布设范围，应以能控制整座建筑不均匀沉降为原则，测点要设立在房角、承重墙和立柱上，一侧墙体的监测点不宜少于 3 个。

（3）地下管线监测点埋设方式及布置位置，应根据管线的材质、管径、使用年限、接口形式、埋深、重要性、与结构的相互关系等综合确定，一般竖向位移监测点宜布置在管线的节点、转角点、位移变化敏感或预测变形较大的部位。

对邻近的石油管线、煤气管、输配水管、雨水管、污水管等有压、重力流管线应做直接监测，监测结束后，正上方位移杆应清除，对于有压金属管线，位移杆应与管线保持一定的安全距离。

（4）邻近既有轨道交通结构施工，应根据其影响等级进行评估，对位移、裂缝、轨道变形等进行监测，监测布置应满足《城市轨道交通结构安全保护技术规范》（CJJ/T 202—2013）的相关要求。

（5）沉降监测采用水准测量、跟踪测量的方法。

支护段监测方案典型断面如图 5-5 所示；放坡开挖段监测方案典型断面如图 5-6 所示。

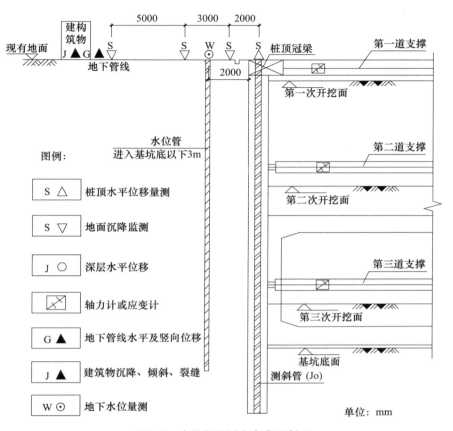

图 5-5　支护段监测方案典型断面

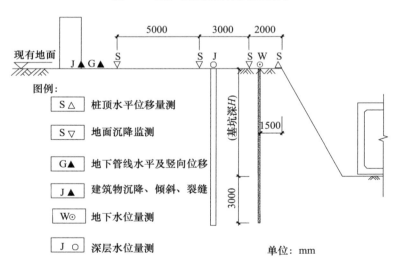

图 5-6　放坡开挖段监测方案典型断面

5.6.4　监测频率

根据基坑开挖深度和工序情况确定，满足《建筑基坑工程监测技术标准》（GB

50497—2019）的相关规定（表5-3）。

表5-3　监测频率表

施工工况	支护结构的施工期	基坑开挖至结构底板浇筑完成后7d	结构底板浇筑完成后7d至地下结构施工完成	
			各道支撑开始拆除到拆除完成后3d	一般情况
监测项目	1次/周	1次/d	1次/d	2～3次/周

5.6.5　监测报警值

（1）监测报警值应满足《建筑基坑工程监测技术标准》（GB 50497—2019）的相关规定。

（2）基坑及支护结构监测报警值应根据监测项目、支护结构的特点和基坑等级确定，可参考表5-4确定。

表5-4　基坑及支护结构监测报警值

序号	监测项目	支护结构类型	基坑类别								
			一级			二级			三级		
			绝对值（mm）	相对基坑设计开挖深度控制值（%）	变化速率（mm/d）	绝对值（mm）	相对基坑设计开挖深度控制值（%）	变化速率（mm/d）	绝对值（mm）	相对基坑设计开挖深度控制值（%）	变化速率（mm/d）
1	墙（坡）顶水平位移	放坡、土钉墙、喷锚支护、水泥土墙	30～35	0.3～0.4	5～10	50～60	0.6～0.8	10～15	70～80	0.8～1.0	15～20
		钢板桩、灌注桩、型钢水泥土墙、地下连续墙	25～30	0.2～0.3	2～3	40～50	0.5～0.7	4～6	60～70	0.6～0.8	8～10
2	墙（坡）顶竖向位移	放坡、土钉墙、喷锚支护、水泥土墙	20～40	0.3～0.4	3～5	50～60	0.6～0.8	5～10	70～80	0.8～1.0	8～10
		钢板桩、灌注桩、型钢水泥土墙、地下连续墙	10～20	0.1～0.2	2～3	25～30	0.3～0.5	3～4	35～40	0.5～0.6	4～5
3	围护墙深层水平位移	水泥土墙	30～35	0.3～0.4	5～10	50～60	0.6～0.8	10～15	70～80	0.8～1.0	15～20
		钢板桩	50～60	0.6～0.7	2～3	80～85	0.7～0.8	4～6	90～100	0.9～1.0	8～10
		灌注桩、型钢水泥土墙	45～55	0.5～0.6		75～80			80～90		
		地下连续墙	40～50	0.4～0.5		70～75					

序号	监测项目	支护结构类型	基坑类别								
			一级			二级			三级		
			绝对值（mm）	相对基坑设计开挖深度控制值（%）	变化速率（mm/d）	绝对值（mm）	相对基坑设计开挖深度控制值（%）	变化速率（mm/d）	绝对值（mm）	相对基坑设计开挖深度控制值（%）	变化速率（mm/d）
4		立柱竖向位移	25～35		2～3	35～45		4～6	55～65		8～10
5		基坑周边地表竖向位移				50～60			60～80		
6		坑底回弹									
7		支撑内力	(60～70) f			(70～80) f			(80～90) f		
8		墙体内力									
9		锚杆拉力									
10		土压力									
11		孔隙水压力									
12		立柱竖向位移									

注：1. f—设计极限值。
　　2. 累计值取绝对值和相对基坑深度控制值两者的较小值。
　　3. 当监测项目的变化速率连续 3d 超过报警值的 50%，应报警。

（3）周边环境监测报警值的限值应根据主管部门的要求确定，如无具体规定时，可参考表 5-5 确定。

表 5-5　建筑基坑工程周边环境监测报警值

监测对象			项目			备注
			累计值		变化速率（mm/d）	
			绝对值（mm）	倾斜		
1	地下水位变化		1000	—	500	
2	管线位移	刚性管道	压力	10～30	—	1～3	直接观察点数据
			非压力	10～40	—	3～5	
		柔性管值		10～40	—	3～5	
3	邻近建（构）筑物	最大沉降		10～60	—	—	
		差异沉降		—	2/1000	0.1H/1000	

注：1. H 为建（构）筑物承重结构高度。
　　2. 第 3 项累计值取最大沉降和差异沉降两者的较小值。

（4）当出现下列情况之一时，必须立即报警；若情况比较严重，应立即停止施工，并对基坑支护结构和周边的保护对象采取应急措施。

①当监测数据达到报警值。

②基坑支护结构或周边土体的位移出现异常情况或基坑出现渗漏、流沙、管涌、隆起或陷落等。

③基坑支护结构的支撑或锚杆体系出现过大变形、压屈、断裂、松弛或拔出的

迹象。

④周边建（构）筑物的结构部分、周边地面出现可能发展的变形裂缝或较严重的突发裂缝。

⑤根据当地工程经验判断，出现其他必须报警的情况。

5.7 风险工程设计

风险工程安全设计应参照住房城乡建设部《大型工程技术风险控制要点》和《城市轨道交通地下工程建设风险管理规范》（GB 50652—2011）要求进行，风险工程安全设计成果应包括风险工程安全设计原则、风险管理目标、风险分级、风险识别以及风险评估及预控等内容。

5.7.1 风险工程安全设计原则

（1）风险工程设计采取的技术措施应具有实际可操作性和工程造价合理性。

（2）风险工程设计成果应包括设计原则、风险管理目标、风险分级、风险识别以及风险评估及预控等内容。

（3）风险工程设计应全面掌握风险工程特点，深化设计内容，通过技术、经济比较分析，制定具有针对性和可操作性的风险控制措施，保证工程自身和周边环境的安全。

5.7.2 风险管理目标

（1）各类风险事件发生前，应尽可能选择较经济、合理、有效的方法来减少或避免风险事件的发生，将风险事件发生的可能性和后果降至可能的最低程度。

（2）各类风险事件发生后，应共同努力、通力协作，立即采取有针对性的风险应急预案和措施，尽可能减少人员伤亡、经济损失和对周边环境的影响等，排除风险隐患。

5.7.3 风险分级

1. 分级标准

住房城乡建设部颁布的《大型工程技术风险控制要点》中，根据工程建设风险发生的概率和损失等级，将工程风险等级分为一、二、三、四级四个级别，建立风险分级矩阵，见表5-6。

表5-6 风险等级矩阵表

风险等级		损失等级			
		一	二	三	四
概率等级	1	Ⅰ级	Ⅰ级	Ⅱ级	Ⅱ级
	2	Ⅰ级	Ⅱ级	Ⅱ级	Ⅲ级
	3	Ⅱ级	Ⅱ级	Ⅲ级	Ⅲ级
	4	Ⅱ级	Ⅲ级	Ⅲ级	Ⅳ级

2. 风险接受准则

风险接受准则与风险等级的划分应对应，不同风险等级的风险接受准则各不相同，应符合表 5-7 中的规定。

表 5-7 风险接受准则

风险等级	接受准则	处置对策	控制方案	应对部门
一级	不可接受	必须高度重视，并采取措施规避，否则必须将风险降低至可接受的水平	需制定控制、预警措施，或进行方案修正或调整等	政府部门及工程建设参与各方
二级	不愿接受	必须加强监测，采取风险处理措施，降低风险等级，且降低风险的成本不应高于风险发生后的损失	需采取防范、监控措施	
三级	可接受	无须采取特殊风险处理措施，但需采取一般设计及施工措施，并注意监测	加强日常管理和审视	工程建设参与各方
四级	可忽略	无须采取风险处理措施，实施常规监测	日常管理和审视	工程建设参与各方

5.7.4 风险识别

（1）风险识别应根据工程建设期的主要风险事件和风险因素，建立适合的风险清单。

（2）风险因素的分解应考虑自然环境、工程地质和水文地质、工程自身特点、周边环境以及工程管理等方面的主要内容。

（3）风险源类别及分级，应符合表 5-8 中的规定。

表 5-8 风险源环境设施重要性分类

环境设施类别	建（构）筑物重要性类别	
	重要设施	一般设施
地面和地下轨道交通	既有城市轨道交通线路和铁路	—
既有地面建（构）筑物	省市级以上的保护古建筑，高度超过 15 层（含）的建筑，年代久远、基础条件较差的重点保护的建筑物，重要的广播电视塔、烟囱、水塔、油库、加油站、气罐等	15 层以下的一般建筑物；一般厂房、车库、高压铁塔等构筑物
既有地下构筑物	地下交通盾构隧道、地下商业街及重要人防工程等	地下交通矩形隧道、地下人行过街通道等
既有市政桥梁	高架桥、立交桥的主桥等	匝道桥、人行天桥等
既有市政管线	雨水、污水干管、中压以上的燃气管、直径较大的自来水管、中水管、军用光缆、其他使用时间较长的铸铁管、承插式接口混凝土管	小直径雨水、污水管，低压燃气管，电信、通信电力管沟等
水体（河道、湖泊）	江、河、湖和海洋	一般水塘和小河沟
绿化、植物	受保护古树	其他树木

5.7.5 风险评估及预控

（1）风险评估及预控应从风险事件发生概率和发生后果的估计开始，然后进行风险等级的评价，最后编制风险评估报告，通过风险预控措施的实施，降低工程风险。基坑自身风险工程分级标准见表 5-9。

表 5-9　基坑自身风险工程分级标准

自身风险工程		风险等级	级别调整	处置后风险等级
工法	内容			
明（盖）挖法	基坑开挖深度不小于 25m	一级	不宜调整	采取措施后剩余风险级别不应高于二级
明（盖）挖法	基坑开挖深度 15～25m（含 15m）	二级	对基坑平面复杂、偏压严重且基坑周边 $1H$ 范围内有重要建（构）筑物的，风险等级可上调一级； 当水文地质和工程地质条件复杂时［基坑周边 $1H$ 范围内有重要建（构）筑物且承压水降水深度超过 7m］，风险等级可上调一级； 当水文地质和工程地质条件一般或周边环境条件较好［基底下为中风化岩层，基坑周边 $1H$ 范围内无重要建（构）筑物］，风险等级可下调一级	采取措施后剩余风险级别不应高于三级
明（盖）挖法	基坑开挖深度 5～15m（含 5m）	三级	对基坑平面复杂、偏压严重且基坑周边 $1H$ 范围内有重要建（构）筑物的，风险等级可上调一级； 当水文地质和工程地质条件复杂时［基坑周边 $1H$ 范围内有重要建（构）筑物且承压水降水深度超过 7m］，风险等级可上调一级； 当水文地质和工程地质条件一般或周边环境条件较好［基底下为中风化岩层，基坑周边 $1H$ 范围内无重要建（构）筑物］，风险等级可下调一级	采取措施后剩余风险级别不应高于四级
明挖法	除上述情况外	四级	当水文地质和工程地质条件复杂时，风险等级可上调一级	

注：H 为基坑开挖深度。

（2）应针对不同的环境风险制订变形控制标准及措施，对重要建（构）筑物应进行现状评估，做保全鉴定，并根据评估结果提出变形控制要求和需采取的措施。基坑环境风险工程分级标准见表 5-10。

表 5-10　基坑环境风险工程分级标准

环境风险工程		风险等级	处置后风险等级
描述	新建综合管廊与周边环境关系		
明（盖）挖法非常接近重要设施	非常接近范围内（基坑两侧距离小于 $0.7H$）	一级	采取措施后剩余风险级别不应高于二级

续表

环境风险工程		风险等级	处置后风险等级
描述	新建综合管廊与周边环境关系		
明（盖）挖法接近重要设施	接近范围内（基坑两侧距离 0.7～1.0H）	二级	采取措施后剩余风险级别不应高于三级
明（盖）挖法非常接近一般设施	非常接近范围内（基坑两侧距离小于 0.7H）		
明（盖）挖法较接近重要设施	较接近范围内（基坑两侧距离 1.0～2.0H）	三级	采取措施后剩余风险级别不应高于四级
明（盖）挖法接近一般设施	接近范围内（基坑两侧距离 0.7～1.0H）		
明（盖）挖法邻近重要设施	不接近范围内（基坑两侧距离大于 2.0H）	四级	
明（盖）挖法较接近一般设施	较接近范围内（基坑两侧距离 1.0～2.0H）		

注：1. 其他本表中未界定的情况，由各方根据具体情况商定。
　　2. H 为基坑开挖深度。

（3）风险评估及预控应紧密结合风险工程监控量测结果动态调整，根据工程环境的变化、工程的进展状况及时对施工质量安全风险进行修正、登记及监测检查，定期反馈，随时与相关单位沟通。

（4）随着设计和施工过程的深化，可根据对拟建工程风险因素认识的提高，把某一等级的安全风险项目按高一个等级或低一个等级进行安全风险设计，对于某一特定工程，应从工程自身风险和环境风险进行综合评价。

5.8　应急预案设计

（1）基坑工程周边环境复杂，施工时必须采取必要的技术措施及应急方案，方能既保证正常、顺利施工，又确保其周边管线及建（构）筑物的安全。

（2）在开挖过程中，应加强坡顶及邻近建（构）筑物的变形监测，当其变形超过设计值时，应立即停止施工，并调用挖掘机急速挖土反压基坑坡脚，通知甲方工程师、监理及设计院到现场协商。

（3）施工现场应备有足够的抢险物资及设备，包括钢管、花管、水泥、注浆机、砂、纺织袋、彩条布等。现场成立应急处理领导小组，能够随时对现场情况做出正确处理。

（4）灾害预防与急救抢险原则如下：

①要做到监测先行，用基坑监测来指导施工。

②准备好充足的抢险物资，如沙袋、潜水泵、排水管道等。

③预先布置逃生线路。

④具备相应的抢救人员方案及抢救设施。

⑤预先联系好方便快捷的医疗救护地点。

⑥出现事故后，应急处理领导小组应立即组织有关设备如铲车、运输汽车等赶赴现场，确定被埋人员的地点与深度，指挥人员进行挖掘，同时，必须严格控制挖掘深度，以免误伤被埋人员。如是大面积的塌方，应请求安全监督管理部门进行抢救。

（5）局部坡面剥落坍塌的处理：

①轻微时，迅速采用锚管挂网固定，旋喷快凝混凝土。

②严重时，在塌方部位，向下打入竖向钢管，然后向塌方处填草袋，用加强筋将竖向钢管焊接成一整体，并与支护桩相连，在坍塌部位设置排水管，编好钢筋网后，喷射混凝土。

（6）因暴雨或其他特殊情况不能及时实施支护结构，发生险情时的处理：采取堵、排的措施减少往基坑里的注水，调用挖掘机急速挖土反压基坑坡脚。

（7）当基坑侧壁局部出现的位移、周边道路出现裂纹或已有裂纹扩展且不稳定时，应迅速在相应区域内采取袋装土反压回填、加内支撑、主动土压力区卸载等措施。坑底处变形位移过大且不稳定时，可回填密实部分基坑或用碎石包、中粗砂包堆压坡脚，然后采用注浆、打水泥土类桩固化坡脚土体后再次开挖。

5.9 其他事项

（1）基坑深度超过 3m 时，设计文件中应补充"危险性较大的分部分项工程对应部位与环节识别及措施意见"相关内容。

（2）按照行业要求，基坑深度超过 5m 时，需进行深基坑设计方案专项论证。

（3）基坑周边环境复杂、有重要的建（构）筑物或管线，且风险等级较高时，需进行风险专项设计及风险专项评审。

（4）设计文件中还需包含各工艺（如钻孔灌注桩、冠梁、混凝土支撑、钢板桩、钢围檩、钢支撑）的施工方法、施工注意事项和主要技术措施等内容。

（5）施工图设计文件构成应包含设计说明、基坑平面布置图、基坑纵断面图、基坑横断面图、节点大样图、基坑监测方案图（需有监测方案平面布置图）、基坑开挖工序图等，如需降水还需有基坑降水方案图（需有监测方案平面布置图），如需交通导改还需有交通导改方案图。

第6章 附属工程设计

6.1 消防系统

6.1.1 火灾危险性分类

含有各类管线的综合管廊舱室火灾危险性分类、火灾危险等级、火灾种类应符合表6-1中的规定。

表6-1 综合管廊舱室火灾危险性分类

舱室内容纳管线种类		舱室火灾危险性类别	舱室火灾危险等级	舱室火灾种类
天然气管道		甲	严重危险级	C
阻燃电力电缆		丙	中危险级	E
通信线缆		丙	轻危险级	B
热力管道		丙	轻危险级	A
污水管道		丁	轻危险级	A
雨水管道、给水管道、再生水管道	塑料管等难燃管材	丁	轻危险级	B
	钢管、球墨铸铁管等不燃管材	戊	轻危险级	A

注：当舱室内含有两类及以上管线时，舱室火灾危险性类别应按火灾危险性较大的管线确定。

6.1.2 灭火器设置

综合管廊内应在沿线、人员出入口、逃生口、电气设备间、分变电所等处设置灭火器材，一般选用手提式磷酸铵盐干粉灭火器。灭火器的配置应符合国家标准《建筑灭火器配置设计规范》（GB 50140—2005）的有关规定。各个舱室灭火器最大保护距离见表6-2。

表6-2 各个舱室灭火器最大保护距离

序号	舱室内容纳管线种类	最大保护距离（m）
1	燃气舱	9
2	电力舱	20
3	水信舱（综合舱）	25
4	能源舱（热力舱）	25
5	污水舱	25

注：考虑到水信舱、能源舱内会敷设自用电缆，舱室按E类火灾中危险级配置灭火器，则最大保护距离为20m。

6.1.3 防火阻燃措施

综合管廊内的电缆防火与阻燃应符合标准《电力工程电缆设计标准》（GB 50217—2018）、《电力电缆隧道设计规程》（DL/T 5484—2013）、《阻燃及耐火电缆 塑料绝缘阻燃及耐火电缆分级和要求 第1部分：阻燃电缆》（GA 306.1—2007）、《阻燃及耐火电缆 塑料绝缘阻燃及耐火电缆分级和要求 第2部分：耐火电缆》（GA 306.2—2007）、《电缆及光缆燃烧性能分级》（GB 31247—2014）的有关规定。

综合管廊防火构造及防火封堵应符合下列规定：

（1）天然气管道舱及容纳电力电缆的舱室应每隔200m采用耐火极限不低于3.0h的不燃性墙体进行防火分隔。防火分隔处的门应采用甲级防火门，管线穿越防火隔断部位应采用码放阻火包等防火封堵措施进行严密封堵。

（2）综合管廊交叉口及各舱室交叉部位应采用耐火极限不低于3.0h的不燃性墙体进行防火分隔，当有人员通行需求时，防火分隔处的门应采用甲级防火门，管线穿越防火隔断部位应采用码放阻火包等防火封堵措施进行严密封堵。

（3）综合管廊内的防火分隔处均应设置防火门，通风区段内（除通风区段两端）的防火门应采用常开防火门，其他防火门均应采用常闭防火门。其中常开防火门应能在火灾时自行关闭，并应具有信号反馈的功能。常闭防火门应在其明显位置设置"保持防火门关闭"等提示标识。防火门应符合国家标准《防火门》（GB 12955—2008）的规定。

6.1.4 自动灭火系统

干线综合管廊中容纳电力电缆的舱室，支线综合管廊中容纳6根及以上电力电缆的舱室，应设置自动灭火系统；其他容纳电力电缆的舱室宜设置自动灭火系统。

（1）综合管廊的下列部位应设置自动灭火系统：

①电力电缆接头处；

②干线综合管廊中容纳电力电缆的舱室内；

③支线综合管廊中容纳6根及以上电力电缆的舱室内；

④综合管廊供电系统变配电室内；

⑤各配电单元的总配电柜内；

⑥其他有电气火灾风险的部位。

（2）根据相关规范及工程案例，国内综合管廊内密闭环境的电气火灾采用的自动灭火系统有：二氧化碳气体灭火、水喷雾灭火、气溶胶灭火、细水雾灭火、超细干粉灭火等多种方式，详见表6-3。

表6-3　国内综合管廊/电缆隧道工程自动灭火系统选型一览表

序号	综合管廊名称	自动灭火系统	建成年份
1	上海安亭新镇综合管廊	水喷雾灭火系统	2003年
2	广州大学城综合管廊	无，设置消火栓	2003年
3	上海世博园综合管廊	不设消防水泵房的移动式水喷雾系统	2007年
4	苏州月亮湾综合管廊	S型热气溶胶灭火系统	2011年

续表

序号	综合管廊名称	自动灭火系统	建成年份
5	前海怡海大道电缆隧道	水喷雾灭火系统	2013 年
6	郑州机场综合管廊	S 型热气溶胶灭火系统	2015 年
7	深圳前海电缆隧道	高压细水雾灭火系统	2015 年
8	深圳光明新区华夏路综合管廊	S 型热气溶胶灭火系统	2015 年
9	厦门集美新城综合管廊	S 型热气溶胶灭火系统超细干粉灭火系统	2015 年
10	武汉市中央商务区综合管廊	S 型热气溶胶灭火系统超细干粉灭火系统	2016 年
11	深圳北环电缆隧道	超细干粉灭火系统	2018 年
12	深圳空港新城启动区综合管廊	超细干粉灭火系统 S 型热气溶胶灭火系统	在建
13	深圳阿波罗未来城综合管廊	超细干粉灭火系统 S 型热气溶胶灭火系统	2020 年

①气体灭火。

气体灭火包括二氧化碳、七氟丙烷灭火等，是一种通过向空气中大量注入灭火气体，相对地减少空气中的氧气含量，降低燃烧物的温度，使火焰熄灭的方法。二氧化碳是一种惰性气体，对绝大多数物质没有破坏作用，灭火后能很快散逸，不留痕迹，且没有毒害。二氧化碳还是一种不导电的物质，可用于扑救带电设备的火灾。

二氧化碳用于扑救气体火灾时，需在灭火前能切断气源。因为尽管二氧化碳灭气体火灾是有效的，但由于二氧化碳的冷却作用较小，火虽然能扑灭，但难以在短时间内使火场的环境温度（包括其中设置物的温度）降至燃气的燃点以下。如果气源不能关闭，则气体会继续逸出，当逸出量在空间里达到或高于燃烧下限浓度时，则有发生燃烧或爆炸的危险。而且长距离输送二氧化碳导致压力下降及蒸发量较大，使有效喷射量减少，故为保证整个管廊的消防，需设置较多数量的二氧化碳储存站，成本高，所以一般不采取此措施。

②水喷雾灭火。

水喷雾灭火系统是利用水雾喷头在一定水压下将水流分解成细小水雾滴进行灭火或防护冷却的一种固定式灭火系统。该系统是在自动喷水系统的基础上发展起来的，不仅安全可靠，经济实用，而且具有适用范围广、灭火效率高的优点。

水喷雾的灭火机理主要基于其具有的表面冷却、窒息、乳化、稀释的作用。

表面冷却：相同体积的水以水雾滴形态喷出比直射流形态喷出时的表面积要大几百倍，当水雾滴喷射到燃烧表面时，因换热面积大而吸收大量的热迅速汽化，使燃烧物质表面温度迅速降到物质热分解所需要的温度以下，使热分解中断，燃烧即中止。同时由于其持续降温作用，可防止复燃。

窒息：水雾滴受热后汽化形成原体积 1680 倍的水蒸气，可使燃烧物质周围空气中的氧含量降低，燃烧将会因缺氧而受抑或中断。

乳化：乳化只适用于不溶于水的可燃液体。当水雾滴喷射到正在燃烧的液体表面时，由于水雾滴的冲击，在液体表层造成搅拌作用，从而造成液体表层的乳化，由于乳化层的不燃性使燃烧中断。

稀释：对于水溶性液体火灾，可利用水雾稀释液体，使液体的燃烧速度降低而较易扑灭。

以上四种作用在水雾喷射到燃烧物质表面时通常是几种作用同时发生，并实现灭火的目的的。

水喷雾所具备的上述作用，使水喷雾具有适用范围广的优点，不仅在扑灭固体可燃物火灾中提高了水的灭火效率，同时由于独特的优点，在扑灭可燃液体火灾和电气火灾中得到广泛的应用。但当灭火面积较大时，灭火所需的水量较大。

水喷雾系统供水干管过大，在综合管廊狭小的空间内施工难度大，系统启动后会产生大量消防尾水，需要额外增加大量的排水设施，目前逐渐被高压细水雾灭火系统取代。

③气溶胶灭火。

气溶胶自动灭火系统中固体灭火气溶胶采用硝酸锶为主的氧化剂，硝酸钾为辅氧化剂。硝酸锶的氧化产物为氧化锶、氢氧化锶和碳酸锶。这三种物质不会吸收空气中的水分，形成具有导电性和腐蚀性的电解质液膜，从而避免了对设备的损害，但价格和维护成本昂贵。

S型气溶胶灭火装置中的固态灭火剂通过电启动，其自身发生氧化还原反应形成大量凝集型灭火气溶胶，其成分主要是氮气、少量二氧化碳、金属盐固体微粒等。

早些年，气溶胶灭火系统作为哈龙灭火剂的替代产品，因其具有优秀的灭火性能和环保性能，得到了快速发展。综合管廊建设初期，电力电缆舱室设置的自动灭火装置多采用S型气溶胶预制灭火系统。

但随着哈龙灭火剂的替代物开发研究不断深入，一种新型的冷气溶胶灭火剂——超细干粉灭火剂受到越来越多的关注。目前S型气溶胶自动灭火装置逐渐被超细干粉灭火系统所替代。主要原因是气溶胶灭火装置容易出现"误喷"及启动可靠性不稳定等问题，且S型气溶胶自动灭火装置尚未取得国家3C认证。最近几年新建的综合管廊内普遍采用超细干粉灭火系统。

④高压细水雾灭火。

高压细水雾灭火机理为物理灭火，主要表现为表面冷却、窒息、乳化、稀释。同时由于其持续降温作用，可防止复燃。细水雾的雾滴直径小，比表面积小，遇热后迅速汽化、蒸发，当火焰温度下降到维持其燃烧的临界值以下时，火焰就熄灭了。当细水雾射入火焰区时，细水雾雾滴迅速汽化，体积迅速膨胀 1700～5800 倍，水汽化后形成的水蒸气将燃烧区域整体包围和覆盖，阻止新鲜空气进入，大幅度地降低了燃烧区的氧气浓度，使燃烧明火因缺氧而中断。

高压细水雾灭火系统主要依靠高压喷嘴喷射出的细水雾吸热降低火焰区温度，同时排除空气使燃烧区的氧气浓度降低，达到火焰窒息的效果。与水喷雾灭火系统相比，细水雾灭火系统的水雾滴粒径更小、灭火效能更好，且灭火后不会产生大量水，对环境无污染。细水雾灭火系统的工作压力往往在 1.0MPa 以上，需设置单独的泵组（瓶组）加压或增大消防主泵扬程，系统对水质和管材均有特殊要求，这些使得细水雾灭火系统工程造价较其他灭火系统明显偏高，给大范围的推广带来一定难度。根据不同的灭火要求，可设置湿式、干式或预作用细水雾灭火系统。

高压细水雾灭火系统主要由水源、供水装置、区域选择阀、压力开关、开式喷头、火灾报警控制器、火灾探测器及管网组成。控制方式主要有自动控制、电气手动控制、应急手动控制三种。

高压细水雾灭火系统需要单独设置消防泵房和消防水池，一次性建设成本较超细干粉灭火系统要高。但高压细水雾系统可以使用 30～60 年，后期维护较超细干粉灭火系统要简单，超细干粉灭火系统需要 5～6 年更换一次。因此，在综合管廊全生命周期内，高压细水雾灭火系统相比较而言更具有经济适用性。

⑤超细干粉灭火。

灭火原理：超细干粉灭火剂是哈龙灭火剂及系列产品替代研究的最新技术，可广泛应用于各种场所扑救 A、B、C 类火灾及带电电气火灾。该灭火剂 90% 的颗粒粒径不大于 $20\mu m$，在火场反应速度快，灭火效率高。单位容积灭火效率是哈龙灭火剂的 2～3 倍，是普通干粉灭火剂的 6～10 倍，是七氟丙烷灭火剂的 10 倍，是细水雾的 40 倍。该产品是目前国内已发明的灭火剂中灭火浓度最低，灭火效率最高，灭火速度最快的一种。由于灭火剂粒径小，流动性好，具有良好的抗复燃性、弥散性和电绝缘性。当灭火剂与火焰混合时，超细干粉迅速捕获燃烧自由基，使自由基被消耗的速度大于产生的速度，燃烧自由基很快被耗尽，从而切断燃烧链扑灭火焰。

系统特点：可用于有人场所。超细干粉灭火剂灭火时不会因窒息作用而造成人员事故，且喷洒时可瞬间降低火场温度，喷口处不会产生高温，喷出的灭火剂对皮肤无损伤，属于洁净、环保的新型产品。

独立系统：超细干粉自动灭火系统自带电源、自成系统。在无任何电气配合的情况下仍可实现无外源自发启动、手动启动、区域组网联动启动。

结构简单：超细干粉自动灭火系统由灭火装置、温控启动模块、手启延时模块组成，安装使用方便，可单具使用，也可多具联动应用，组成无管网灭火系统，扑救较大保护空间或较大保护面积的火灾。不需要管、喷头、阀门等烦琐的配套设备。

方便施工：超细干粉自动灭火装置结构简单，安装位置可调整，对施工没有特殊要求，方便施工；不需要与土建工程一同进行，特别适合应用于改扩建及狭长空间。

可全淹没应用灭火，也可局部淹没应用灭火。全淹没应用效率高，局部淹没应用保护范围大。

目前，超细干粉灭火方式在综合管廊项目中的应用比较广泛，与其他几种常用的灭火系统的对比情况见表 6-4。

表 6-4　常见灭火系统比较情况一览表

序号	比较项目	高压细水雾灭火系统	S 型气溶胶灭火系统	超细干粉灭火系统
1	灭火原理	通过雾状水雾对燃烧体进行冷却、窒息、稀释等而扑灭火灾，灭火效果好	通过极细小的固体或液体微粒进行吸热降温、气相化学抑制、固相化学反应，从而实现灭火	通过对有焰燃烧的强抑制作用、对表面燃烧的强窒息作用、对热辐射的隔绝和冷却作用进行灭火
2	适用火灾类型	A、B、C、E	A、B、C、E 表面火灾	A、B、C、E
3	保护方式	全淹没、分区保护或局部保护	全淹没	主要用于扑救初期火灾，分为全淹没和局部淹没应用灭火

续表

序号	比较项目	高压细水雾灭火系统	S型气溶胶灭火系统	超细干粉灭火系统
4	响应时间	开式系统小于30s	小于5s	小于3s
5	喷射时间	30min	小于2min	全淹没小于30s；局部应用大于30s
6	系统复杂性	系统复杂，需要配备消防泵房、稳压设备、管网、喷头、控制设备等，对水质和管材要求高	一般为成品，工厂预制，系统简单	一般为成品，工厂预制，系统简单
7	安装空间	空间需求大，需设置水池、泵房、管道、喷头等	空间需求小	空间需求小
8	运维复杂性	技术成熟可靠、运维简单，一般高压细水雾自动灭火系统寿命可达30~60年	需要5~6年更换一次	需要5~6年更换一次
9	残留物	无	无	灭火后的粉末在高温下形成玻璃状覆盖层，人体吸入后会导致呼吸道系统中毒
10	内在安全性	好	较好	好
11	环境友好性	好	较好	一般
12	设计施工和验收规范	《细水雾灭火系统技术规范》(GB 50898—2013)；《水喷雾灭火系统技术规范》(GB 50219—2014)	《气体灭火系统设计规范》(GB 50370—2005)；《气体灭火系统施工及验收规范》(GB 50263—2007)	《干粉灭火系统设计规范》(GB 50347—2004)；《干粉灭火装置技术规程》(CECS 322：2012)；《非贮压式超细干粉灭火系统技术规程》(DB 62/T 25-3094—2015)；《超细干粉自动灭火装置设计、施工及验收规范》(DB 35/T 1153—2011)
13	优缺点	优点：灭火效果好，可实现监控和有效降低火灾现场的温度。缺点：需设置消防管位，占用较大的综合管廊空间	优点：灭火速度快，灭火剂用量少，省空间，系统及维护简单。缺点：需要定期检验，每5~6年需要更换一次制剂	优点：灭火速度快，灭火剂用量少，省空间，系统及维护简单。缺点：需要定期检验，每5~6年需要更换一次制剂

6.2　通风系统

6.2.1　一般要求

（1）综合管廊各舱室通风分区长度不宜大于400m，当大于400m时需进行详细计算及论证。

（2）综合管廊通风宜采用自然进、排风或机械进、排风的通风方式。敷设天然气管道和污水管道的舱室应采用机械进、排风的通风方式。

（3）综合管廊的通风设备应符合节能环保要求。燃气舱风机及附属设备选用防爆型。燃气舱排风系统应设置导除静电的接地装置。无燃气阀门的燃气舱设备按照爆炸性气体环境 2 区[①]的标准进行选择。

（4）燃气舱的排风口与其他舱室排风口、进风口、人员出入口以及周边建（构）筑物口部距离均大于 10m。燃气舱的各类孔口不与其他舱室连通，并应设置明显的安全警示标识。

（5）水信舱及热力舱正常通风量按照 2 次/h 换气计算，不考虑事故通风；燃气舱正常通风量按照 6 次/h 换气计算，事故通风量按照 12 次/h 换气计算；电力舱的正常风量按照 2 次/h 换气次数计算，灾后通风按照 6 次/h 换气计算，并与按照电缆发热量计算所得的通风量进行比较，取大值。

（6）燃气舱及电力舱每个通风区间可选用 2 台排风机（送风机），正常通风时互为备用，事故通风同时开启；也可选用 1 台双速风机，正常通风时采用低挡风量，事故通风采用高挡风量。水信舱及热力舱发生事故时不会产生有害气体或易燃易爆气体，不考虑事故通风，每个通风区间设置 1 台排风机（送风机）。

（7）综合管廊内部风速不宜超过 1.5m/s，通风口处风速不宜超过 5m/s。

6.2.2　综合管廊通风系统的工况控制

（1）综合管廊应设置环境与设备监控系统，并对各舱室内的温度、湿度、含氧量等参数进行检测，燃气舱还应设置燃气泄漏报警器，以便控制通风系统的运行，通风设备控制方式宜采用就地手动、就地自动和远程控制相结合的方式。

（2）正常通风工况：采用间歇运行的方式，既满足卫生环境要求，又节能环保。

（3）巡视检修通风工况：氧气检测缺氧报警值应设定为 19.5%，富氧报警值设定为 23.5%。当巡视工作人员进入管廊时，应首先检查综合管廊内部环境各项参数是否在安全允许范围内。如不满足参数要求，需先开启进入区段的排风机，确保检测仪表显示的数据在安全允许范围内，确保巡检工作人员的健康安全。

（4）高温报警通风工况：管廊内空气温度不得超过 40℃。为使管廊内的环境温度控制在设计要求范围内，采用温度检测设施。当综合管廊内空气温度高于 38℃时，由监控中心自动（或手动）开启本分区内的排风机，消除管廊内余热；当综合管廊内空气温度不高于 35℃时，自动（或手动）关闭本分区内排风机。

（5）燃气舱事故通风工况：当燃气舱内泄漏的燃气浓度达到爆炸下限值的 20%时，自动开启事故段分区及相邻分区的机械通风系统强制通风；紧急切断浓度设定值（上限值）不应大于其爆炸下限值（体积分数）的 40%。

（6）火灾工况及灾后通风工况：当确认综合管廊某一防火分区发生火灾时，由监控中心确认综合管廊内无人，并且关闭发生事故的通风分区内的常开防火门。确认该防火

---

①　爆炸性气体环境 2 区指在正常运行时，不可能出现爆炸性气体环境，如果出现也是偶尔发生，并且仅是短时间存在的场所。

分区两端的防火门处于关闭状态后，即刻自动关闭发生事故的通风分区及两侧通风分区的排风机、进风机，并连锁关闭排风夹层里面的电动排烟防火阀、进风夹层处的电动防烟防火阀。

通风系统自动关闭后，立即启动自动灭火系统，对该区域进行窒息灭火。

确认火灾结束后 0.5h，由专业人员到现场排除事故后，手动或自动开启排风口处的电动排烟防火阀，进风口处的电动防火阀、排烟风机，进行灭火后的通风。

当排风温度超过 280℃时，防火阀熔断关闭，信号输送至消防控制中心，同时连锁关闭对应的排风机。

6.2.3　风亭及百叶的设置原则

（1）进、排风亭的设置应优先设置在道路绿化带下，以减少对城市道路、人员通行的影响；后期条件具备时，风亭可与周边城市结构空间设计进行整合。

（2）风亭百叶安装完成后，应结合城市园林景观要求进一步包装美化，以降低对周边环境的影响。

（3）采用朝天的通风格栅时，格栅下方应设置可靠的挡水、排水措施，以防止雨水漫延、积聚。

6.3　供电系统

6.3.1　电源

综合管廊供配电系统接线方案、电源供电电压、供电点、供电回路数、容量等应依据综合管廊建设规模、周边电源情况、综合管廊运行管理模式，经过技术经济比较后确定。

综合管廊系统一般呈现网络化布置，涉及的区域比较广。其附属用电设备具有负荷容量相对较小而数量众多、在综合管廊沿线呈带状分散布置的特点。按不同电压等级电源所适用的合理供电容量和供电距离，一条综合管廊可采用由沿线城市公网分别直接引入多路 0.4kV 电源进行供电的方案，也可以采用集中一处由城市公网提供中压电源，如 10kV 电源供电的方案。综合管廊内再划分若干供电分区，由内部自建的 10kV 配变电所供配电。不同电源方案的选取与当地供电部门的公网供电营销原则和综合管廊产权单位性质有关，方案的不同直接影响到建设投资和运行成本，故需做充分调研工作，根据具体条件经综合比较后确定经济合理的供电方案。

综合管廊分区变电所可根据当地供电部门规定采用集中供电模式或多点就地供电模式。若采用集中供电模式，应在综合管廊靠近城市电源变电站处同步设置综合管廊 10kV 中压总配电所。综合管廊 10kV 中压总配电所建筑面积根据本区域综合管廊规模确定，当靠近综合管廊监控中心时，应与监控中心建筑合并设置。

综合管廊应引入两回路 10kV 进线，进线电源宜由不同区域的变电所引来，互为备用。电源引入方式包括集中式 10kV 开关站，引入多路市政电源、单侧电源双回路树干式、双侧电源双回路树干式、双侧电源环网式、单侧电源树干式等，具体可参照图集

《综合管廊供配电及照明系统设计与施工》（17GL602）。

6.3.2　负荷等级

综合管廊的消防设备、监控与报警设备、应急照明设备应按国家标准《供配电系统设计规范》（GB 50052—2009）规定的二级负荷供电。天然气管道舱的监控与报警设备、管道紧急切断阀、事故风机应按二级负荷供电，且应采用两回线路供电；当采用两回线路供电有困难时，应另设置备用电源。其余用电设备可按三级负荷供电。

6.3.3　供配电系统

（1）综合管廊变电站位置应综合分析周边建设用地规划及景观条件，在用地空间紧张、景观要求高的地区，其变电站应采用全地下建筑形式，且应与综合管廊其他节点结合设置，并满足防淹、防火要求。

（2）综合管廊分变电所容量经负荷计算后确定，设计初期综合管廊内用电负荷还未确定时，综合管廊变电站容量选型可参考表6-5。

表6-5　综合管廊变电站容量选型

舱室数量	综合管廊分变电所变压器容量（kVA）
单舱	2×100
两舱	2×125
三舱	2×200
四舱	2×250
五舱	2×315

（3）每个分变电所供电半径原则上不超过0.8km，对于远离变电所的区段，适当增大配电电缆的截面，使得末端电压不低于标称电压的95%。

（4）每个分变电所设置2台变压器，一般采用干式变压器，其具备体积小、机械性能好、不龟裂、阻燃自熄、免维护、抗突发短路能力强、散热效果好、低噪声、低损耗等特点。

（5）管廊每个配电单元内设一套普通负荷配电柜，配电柜为单电源进线，负责配电单元内三级负荷的配电；设一套重要负荷配电柜，配电柜为两路电源进线，两路电源进柜后自切供电负责配电单元内二级负荷的配电；设一组消防应急照明集中电源箱，电源箱为单电源进线，电源引自该配电单元的重要负荷配电柜，负责火灾应急照明及疏散指示的供电及控制、巡检、故障上传、报警显示。

（6）综合管廊内的低压配电应采用交流220V/380V系统，配电系统形式为三相四线制或两线制，并应使三相负荷平衡。

（7）设备受电端的电压偏差，动力设备的电压偏差不应超过供电标称电压的±5%，照明设备不应超过+5%、−10%。

（8）应采取无功功率补偿措施，补偿后10kV总进线侧功率因数在0.95以上。

（9）应结合防火分隔或通风分区作为配电单元，各配电单元电源进线截面应满足该配电单元内设备同时投入使用时的用电需要。低压配电可选择放射式、树干式、分区树干式等方案。

6.3.4 计量

各分变电所 10kV 侧内不宜单独设置高压计量，统一由 10kV 中压总配电所（监控中心）高压侧计量。

管廊每处变电所 0.4kV 电源进线设低压计量表计，以满足运行计费核算的需求。重要的出线均设置智能仪表，采集电量数据，作为内部计量、管理用途。

6.3.5 管廊内电气设备

电气设备防护等级应适应地下环境的使用要求，应采取防水、防潮措施，防护等级不应低于 IP54。

电气设备应安装在便于维护和操作的地方，不应安装在低洼、可能受积水浸入的地方。

天然气管道舱内的天然气管道法兰、阀门等属于国家标准《爆炸危险环境电力装置设计规范》（GB 50058—2014）规定的二级释放源，在通风条件符合规范规定的情况下，该区域可划为爆炸性气体环境 2 区，在该区域安装的电气设备应符合国家标准《爆炸危险环境电力装置设计规范》（GB 50058—2014）的有关规定。

综合管廊内应设置交流 220V/380V 带剩余电流动作保护装置的检修插座，插座沿线间距不应大于 60m。检修插座容量不应小于 15kW，安装高度不应小于 0.5m。天然气管道舱内的检修插座应满足防爆要求，且应在检修环境安全的状态下送电。

6.3.6 附属设施的线缆与安装敷设

非消防设备的供电电缆、控制电缆应采用阻燃电缆，火灾时需继续工作的消防设备应采用耐火电缆或不燃电缆。阻燃电缆、耐火电缆或不燃电缆的燃烧性能应符合国家标准《阻燃和耐火电线电缆或光缆通则》（GB/T 19666—2019）的相关规定。

天然气管道舱内的电气线路不应有中间接头，线路敷设应符合国家标准《爆炸危险环境电力装置设计规范》（GB 50058—2014）的有关规定。

线缆应全线采用穿保护管或安装专用桥架线槽的敷设方式，消防线路应有防火保护措施，并与非消防线路应分隔敷设。保护管、桥架线槽、安装支架及附件应满足防腐及抗冲击的要求。

6.3.7 附属设施的配电控制

综合管廊每个分区的人员进出口处应设置本分区通风、照明的控制开关。

通风风机应设置机旁隔离开关电器，风机应能在配电控制箱上就地手动控制和远程遥控操作，普通风机应能由火灾自动报警系统强制停机。

含天然气管道的舱室事故风机应能由可燃气体报警系统强制启动与关闭，在含天然气管道的舱室人员出入口内外应设置事故风机启停开关。

排水泵应能在配电控制箱上就地手动控制、液位自动控制或远程遥控操作。

6.3.8 防雷接地

（1）综合管廊内接地系统应形成环形接地网，接地电阻不应大于 1.0Ω。

（2）综合管廊接地网应采用热镀浸锌扁钢，且截面面积不应小于 $50mm\times5mm$。接地网应采用焊接搭接，不得采用螺栓搭接。

（3）综合管廊内金属构件、电缆金属套、金属管道以及电气设备金属外壳均应与接地网连通。

（4）含天然气管道舱室的接地系统尚应符合国家标准《爆炸危险环境电力装置设计规范》（GB 50058—2014）的有关规定。

（5）综合管廊内集中敷设了大量的电缆，为了使综合管廊运行安全，应有可靠的接地系统。除利用构筑物主钢筋作为自然接地体，在综合管廊内壁将各个构筑物段的建筑主钢筋相互连接构成法拉第笼式主接地网系统。综合管廊内所有电缆支架均经通长接地线与主接地网相互连接。在综合管廊外壁每隔100m设置人工接地体预埋连接板作为后备接地。综合管廊接地网还应与各分变电所接地系统可靠连接，组成分布式大接地系统。

（6）低压系统采用 TN-S 制，设置等电位连接，管廊内电气设备外壳、支架、桥架、穿线钢管、建筑钢筋均应与接地干线妥善连接。配电系统分级设置电涌保护器，保护人员及弱电设备的安全。天然气舱除等电位连接，还在各个口部、端部、分支引出部位设置静电导除接地装置。

6.3.9 设计注意事项

（1）电气专业应与结构专业共同沟通制定综合管廊接地系统布置连接方式，接地做法同步放在结构图内，以免施工漏掉。

（2）及时提供总体专业电气设备间及分变电所所需的空间尺寸，强弱电配电柜摆放位置应根据综合管廊自用线槽的位置、穿管位置、安装检修的便利性综合统筹考虑。

（3）及时提供总体专业管线、电气设备间及分变电所预留预埋的位置和大小。

6.4 照明系统

6.4.1 一般要求

（1）综合管廊内各功能区域照明标准应符合表6-6的规定。

表 6-6 主要功能区域的照明标准

功能区域名称	照度标准值（lx）	功率密度值（W/m²）
变电所	200	≤8.0
监控室	300	≤9.0
人行道（舱室内）	15（平均值）	—
	5（最小值）	—

续表

功能区域名称	照度标准值（lx）	功率密度值（W/m²）
出入口	100	—
设备操作处	100	—

（2）管廊内疏散应急照明照度不应低于5lx，应急电源持续供电时间不应小于60min。有火灾危险舱室，应按国家标准《消防应急照明和疏散指示系统技术标准》（GB 51309—2018）设置集中电源集中控制型消防应急灯具。

（3）监控室备用应急照明照度应达到正常照明照度的要求。

（4）人员出入口、逃生口和逃生通道上的防火门上方应设置安全出口标志灯，灯光疏散指示标志应设置在距地坪高度1.0m以下，间距不应大于20m。

（5）综合管廊内设置的消防疏散指示标志和消防应急照明灯具，应符合国家标准《消防安全标志 第1部分：标志》（GB 13495.1—2015）和《消防应急照明和疏散指示系统技术标准》（GB 51309—2018）的相关规定。

6.4.2　照明灯具

（1）照明灯具应为防触电保护等级Ⅰ类设备，能触及的可导电部分应与固定线路中的保护PE线可靠连接。

（2）照明灯具应采取防水、防潮措施，防护等级不应低于IP65，并应具有防外力冲撞的防护措施。

（3）照明灯具应采用节能型光源，并应能快速启动点亮。

（4）安装高度低于2.2m的照明灯具应采用24V及以下安全电压供电。当采用220V电压供电时，应采取防止触电的安全措施，并应敷设照明灯具外壳专用接地线。

（5）照明灯具应能在配电控制箱上就地开关和远程遥控开关；应急照明应能由预警与报警系统强制点亮；疏散指示与安全出口标志在管廊内无人环境时应可关闭。

（6）安装在天然气管道舱内的照明灯具应符合国家标准《爆炸危险环境电力装置设计规范》（GB 50058—2014）的有关规定。

6.4.3　照明线路

照明回路导线应采用硬铜导线，截面面积不应小于2.5mm²。线路明敷设时应采用保护管或线槽穿线方式布线。天然气管线舱内的照明线路应采用低压流体输送用镀锌焊接钢管配线，并应进行隔离密封防爆处理。

6.5　监控及报警系统

6.5.1　一般要求

（1）监控与报警系统宜采用综合管廊物联网终端，其按功能划分包含环境与设备监控设备、安全防范设备、通信设备、火灾自动报警设备、可燃气体报警设备、电子标签、巡检机器人、廊体结构监测、管线监测等。综合管廊物联网终端设备设施配置见表6-7。

表6-7　综合管廊物联网终端设备设施配置表

系统	物联网终端	舱室容纳管线类型				
		电力、通信	水管道	热力管道	污水管道	天然气管道
环境与设备监控	温湿度检测终端	●	●	●	●	●
	氧气含量检测终端	●	●	●	●	◉
	硫化氢气体检测终端	◉	◉	◉	●	◉
	甲烷气体检测终端	◉	◉	◉	●	●
	液位检测终端	●	●	●	●	●
	电力监测物联感测终端	●	●	●	●	●
	综合管廊区域控制单元	●	●	●	●	●
安全防范	视频监控设备	●	●	●	●	●
	入侵报警探测终端	●	●	●	●	●
	门磁物联网终端	●	●	●	●	●
	门禁物联网终端	●	●	●	●	●
	智能电子井盖终端	○	○	○	○	○
	巡查设备	●	●	●	●	●
	人员定位设备	◉	◉	◉	◉	—
通信	固定对讲电话	●	●	●	●	●
	无线 AP	◉	◉	◉	◉	
火灾报警	感烟火灾探测终端	●	○	○	○	—
	感温火灾探测终端	●	○	○	○	—
	手动火灾报警按钮终端	●	○	○	○	—
	火灾报警控制器	●	○	○	○	—
	防火门监控器	●	○	○	○	—
	消防电话	●	○	○	○	—
可燃气体报警	可燃气体检测终端	○	○	○	◉	●
	可燃气体报警控制器	○	○	○	◉	●
电子标签	电子标签	○	○	○	○	—
	手持扫描终端	○	○	○	○	—
巡检机器人	巡检机器人本体	○	○	○	○	○
	红外热像仪	○	○	○	○	○
	可见光高清摄像机	○	○	○	○	○
	云台	○	○	○	○	○
	气体检测仪	○	○	○	○	○
	温湿度传感器	○	○	○	○	○
	对讲平台	○	○	○	○	○
	声光报警器	○	○	○	○	○
结构检测	位移检测终端	○	○	○	○	○
	沉降检测终端	○	○	○	○	○

续表

系统	物联网终端	舱室容纳管线类型				
		电力、通信	水管道	热力管道	污水管道	天然气管道
管线监测	线型感温探测器	●	—	⊙	—	—
	局部放电在线监测装置	●	—	—	—	—
其他终端	PDA	○	○	○	○	—
	AR眼镜	○	○	○	○	—

注："●"表示应配置；"⊙"表示宜配置；"○"表示可配置；"—"表示不配置。
资料来源：《雄安新区物联网终端建设导则（综合管廊）》。

（2）监控与报警系统应设置环境与设备监控系统、安全防范系统、通信系统、预警与报警系统和统一管理平台。预警与报警系统应根据入廊管线的种类设置火灾自动报警系统、可燃气体探测报警系统。应符合《城镇综合管廊监控与报警系统工程技术标准》（GB/T 51274—2017）的相关要求。

（3）监控与报警系统的组成及其系统架构、系统配置，应根据综合管廊的建设规模、入廊管线的种类、综合管廊运行维护管理模式等确定。

（4）综合管廊监控中心的设置应满足规划、所属区域划分、运行管理的要求。监控中心与综合管廊之间应设置线路连接通路，监控、报警和联动反馈信号应传送至监控中心。

（5）综合管廊应设置传输网络系统，采用工业以太网交换机组网方式，监控与报警系统主干信息传输网络介质应采用光缆。

（6）天然气管道舱内设置的监控与报警系统设备、安装与接线技术要求应符合国家标准《爆炸危险环境电力装置设计规范》（GB 50058—2014）的相关规定。综合管廊内监控与报警设备防护等级不应低于IP65。监控与报警设备应由在线式不间断电源供电。

（7）监控与报警系统中的非消防设备的仪表控制电缆、通信线缆应采用阻燃线缆。消防设备的联动控制线缆应采用耐火线缆。

（8）综合管廊物联网终端设备设施设计应符合现行国家和地方标准及政策法规规定：

①系统硬件宜采用工业级产品，保证系统的稳定性。

②系统软硬件点数不小于20%的备用量，且留有足够的扩展能力。

③系统应采用不间断电源供电，综合管廊内设备后备时间不小于1h，监控中心后备时间不小于30min。

④设备设施使用寿命、工作时长、防护等级、防爆等级、工作温度等参数应满足其敷设场所相应的设计要求。

6.5.2　环境与设备监控系统

（1）综合管廊应设置环境与设备监控系统。环境监测包括综合管廊温湿度监测、氧气含量监测、硫化氢监测、甲烷监测、集水坑液位监测等；设备监控包括通风监控、排水监控、照明监控、电力监控等；设备控制方式宜采用就地手动、就地自动和远程控制；应设置与综合管廊内各类管线配套的检测设备，以及控制执行机构联通的信号传输接口；根据结构专业需求，在管廊易变形、沉降的位置设置传感器，对管廊结构进行监测。

（2）综合管廊沿线舱室内温湿度检测终端、氧气含量检测终端设置间距不大于200m，且每一通风分区内至少设置一套。

（3）硫化氢、甲烷检测终端应设置在综合管廊内人员出入口和通风回风口处。

（4）综合管廊环境与设备监控系统可采用物联网无线控制方式及 PLC＋远端 I/O 的有线控制方式。两种方案实现的功能一致，物联网无线控制方式造价略低，在后期扩展和运维方面较为灵活，且物联网技术属于国家推广的新一代信息技术。

物联网能够通过软件定义、无线部署、边缘计算等技术低成本实现现场就地实时控制，在感知层使用无线方式将传感器和控制设备进行灵活组网，且兼容各种通信协议。系统由物联网设备控制管理系统、物联网网关控制器、物联网协调器、物联网耦合器、物联网控制器组成。通常以一个防火分区（200m）作为一个监控单元，在每个监控单元设置 1 套 ACU（区域控制单元）箱，箱内安装一台环监工业以太网交换机、一套不间断电源。ACU 箱内设置一台物联网网关控制器。物联网协调器每舱室间隔 30～50m 设置，物联网耦合器与环境传感器同址设置，一个耦合器可接入 5 路模拟量输入信号，物联网控制器设置在照明、风机、水泵控制箱旁。

在管廊沿线分变电所各设置 1 套现场通信柜，箱内安装一台环监千兆工业以太网交换机、一台不间断电源、一台网络视频录像机。分变电所现场通信柜完成该分变电所供电范围内所有防火分区的监控信息的汇总。

分变电所现场通信柜与负责区段内的现场 ACU 箱通过百兆光纤环网进行连接，所有现场通信柜再通过千兆光纤环网连接至管廊控制中心核心通信柜。

6.5.3 安全防范系统

（1）安全防范系统包括工业电视系统、门禁系统、电子井盖报警系统、入侵报警探测系统、电子巡查系统和人员定位系统。

（2）综合管廊内设备集中安装地点、人员出入口、变配电间和监控中心等场所应设置摄像机。综合管廊沿线舱室内摄像机设置间距不应大于 100m，且每个防火分区不应少于 1 台，应选用日夜转换型，并配用红外灯辅助光源。摄像机（网络摄像机和图像火灾探测器）由 ACU 或就近安防通信箱负责供电。图像信号接入 ACU 内安防交换机通过以太网上传，若通信距离过长，加入光电转换器。在每个分变电所设置网络视频录像机，负责存储对应管理区域内的视频信号，图像存储时间大于 30d。

（3）安防系统核心交换机应设置在监控中心，监控与安防系统汇聚交换机应设置在每个变电所分区，汇聚交换机构成监控与安防系统环形骨干网络；监控与安防系统接入交换机应设置在每个通风节点，接入交换机数量根据舱室配置，接入交换机构成监控与安防系统环形网络。

（4）综合管廊人员出入口、通风口应设置入侵报警探测装置和声光警报器。

（5）综合管廊人员出入口应设置控制装置。在人员出入口处设置门禁装置，门禁控制器接入环监交换机，将数据传送至监控中心进行统一控制和管理。在巡查人员在门外出示经过授权的感应卡，经读卡器识别确认身份后，控制器驱动打开电锁放行，并记录进门时间；当使用者离开所控房间时，在门内触按放行开关，控制器驱动打开电锁放行，并记录出门时间。为巡检、维修人员出入管廊情况提供安全确认数据记录，有效防止未经许可人员进入。

（6）综合管廊地面井盖应设置井盖报警系统，监控信号应通过数据通信网传送至监控中心，实现对地面井盖的集中控制、远程开启、非法开启报警等功能。

（7）电子巡查系统应配备手持巡检终端设备。设置有线式电子巡查系统或无线通信系统的综合管廊，可利用有线式电子巡查系统或无线通信系统兼作人员定位系统。人员定位系统应能满足将人员定位于单个舱室的要求，在单个舱室内定位精度不应大于100m。

在管廊每个舱内下列场所设置离线电子巡查点，离线电子巡查系统后台设在管廊监控中心内。

①综合管廊人员出入口、逃生口、吊装口、进风口、排风口。

②综合管廊附属设备安装处。

③管廊内管道上阀门安装处。

④电力电缆接头处。

（8）当安防系统报警或接收到环境与设备监控系统、火灾自动报警系统的联动信号时，应能打开报警现场照明并将报警现场画面切换到指定的图像显示设备显示。

（9）出入口控制装置应与环境与设备监控系统、火灾自动报警系统联动，在紧急情况下应联动解除相应出入口控制装置的锁定状态。

6.5.4　通信系统

（1）综合管廊应设置通信系统，固定式电话与消防专用电话合用时，电话应采用独立通信系统。通信终端间距不宜大于100m。

（2）除天然气管道舱，其他舱室内应设置用于对讲通话的无线信号覆盖系统，无线AP间距不宜大于100m。

6.5.5　预警与报警系统

（1）干线、支线综合管廊含电力电缆的舱室应设置火灾自动报警系统，并应符合下列规定：

①火灾自动报警系统应包括但不限于火灾报警控制器、手动火灾报警按钮、火灾声光警报器、线型光纤感温火灾探测器、线型感温火灾探测器、分布式图像型火灾探测器、感烟火灾探测器、非接触式线型感温火灾探测器、报警电话插孔、防火门监控系统等，应符合国家标准《火灾自动报警系统设计规范》（GB 50116—2013）、《线型感温火灾探测器》（GB 16280—2014）的有关规定。

②在监控中心设置火灾报警上位机及图形控制系统；在每个分变电所设置一套火灾报警区域控制器，负责该区域内的火灾报警及联动控制；在每个防火区间的电气设备间设置一套火灾报警控制柜，负责该区域内消防设施的控制及信号反馈。

③应在含电力电缆的舱室顶部设置线型光纤感温火灾探测器或分布式图像型火灾探测器或感烟火灾探测器，应在电力电缆表层设置线型感温火灾探测器或在电力支架上方

设置非接触式线型感温火灾探测器，用于电气火灾监控。

④应设置防火门监控系统，确认火灾后，防火门监控器应联动关闭常开防火门，消防联动控制器应能联动关闭着火分区及相邻分区的通风设备、启动自动灭火系统。

⑤设有火灾自动报警系统的舱室应在每个防火分区的人员出入口、逃生口、防火门处设置手动火灾报警按钮和火灾声光警报器，且每个防火分区不应少于2个。

（2）天然气管道舱应设置可燃气体探测报警系统，并应符合下列规定：

①燃气舱室的顶部、管道阀门安装处、人员出入口、吊装口、通风口及每个防火分区的最高点、其他气体易积聚处、气流不顺畅处等应设置天然气探测器。

②舱室内沿线天然气探测器设置间隔不应大于15m，并满足探测器有效探测范围要求。

③天然气探测器应接入可燃气体报警控制器。

④紧急切断浓度设定值（上限值）不应大于其爆炸下限值（体积分数）的25%。

⑤当天然气管道舱天然气浓度超过报警浓度设定值（上限值）时，应由可燃气体报警控制器或消防联动控制器联动启动燃气舱事故段分区及其相邻分区的事故通风设备，天然气报警浓度设定值（上限值）不应大于其爆炸下限值（体积分数）的20%。

6.6 排水系统

综合管廊内主要包括电力、通信和供水、再生水等市政管线，综合管廊内需要排除的水主要包括以下方面：

（1）供水等液体管道事故爆管排水。

（2）供水等液体管道检修放空排水。

（3）供水等液体管道连接处的漏水。

（4）综合管廊内冲洗水。

（5）综合管廊结构缝处渗漏水。

（6）综合管廊管线接出口渗漏水。

（7）综合管廊开口处进水。

对上述需排除的水进行分析可看出，除（1）（2）这两种情况外，其余工况需排水水量均不大。

对于（2）检修放空排水，考虑设有水管的舱室每个集水坑设置两台排水泵同时排水，以缩短排水时间。

对于（1）供水等液体管道事故爆管排水，按规范可不考虑爆管工况，事故时2台排水泵同时工作，同时考虑由检修人员外部协助排水。

虽然在工程设计中考虑了供水管道事故爆管时的管道阀门关闭措施，但仍有相当部分水量需要排放，若按液体输送管道事故时排水水量设置排水泵，排水泵规格将巨大，且基本闲置。对于液体输送管道事故情况，可从几个方面考虑：一是在工程设计上考虑减小事故水量的措施；二是在液体输送管道事故时增加外部协助排水；三是液体输送管道管材采用钢管，减少事故的可能性；四是根据排水泵的排水异常提前发现事故，将事故扼杀在萌芽状态。

因此，综合管廊排水水量主要考虑结构渗漏水及管道检修放空水，经计算，结构渗漏水较少，以检修放空水为主。

6.6.1　一般要求

（1）综合管廊的排水分区不宜跨越防火分区。确需跨越，应提出有效的阻火防烟措施。

雄安新区部分综合管廊纵坡坡度最低点设置集水坑，排水沟穿越多个防火分区需穿越防火墙，在防火墙底部设置穿墙排水管连通排水沟。优点：①可以有效减少集水坑、排水泵等排水设施的数量，从而减少工程造价；②减少排水管道占用检修通道或者电缆敷设空间的情况。缺点：①火灾事故工况下，高温烟气甚至可燃物可通过排水沟连通管道扩散至相邻防火分区，从而降低了防火墙的防火性能，造成安全隐患，即使穿墙管采用了水封等隔离措施，火灾工况下也可能引起水分蒸发造成水封失效；②实际运行中，排水明沟中常有杂物落入，容易堵塞连通管道。依据《建筑设计防火规范》（GB 50016—2014，2018 年版）第 6.1.5 条，防火墙上不应开设门、窗、洞口。因此，建议排水分区不宜跨越防火分区。

（2）综合管廊的低点应设置集水坑及自动水位排水泵；综合舱、电力舱内排水泵应采用一用一备配置，并能同时启动；天然气管道舱内排水泵应采用单泵配置，并应采用防爆型潜水排污泵。热力管道舱内排水泵应采用耐高温型潜水排污泵。

（3）通风口、人员出入口等节点夹层应考虑排水措施，用"地漏＋落水管"或"挡水槛＋落水管"将上层结构渗漏水收集后，有组织地排入下层主廊的排水系统。

（4）燃气舱应单独设置集水坑及排水泵系统，排水系统压力释放井也应单独设置。其他舱室若需公用集水坑，应提出有效的阻火防烟措施。

雄安新区部分综合管廊，电力舱与其他电力舱集水坑共用，电力舱与综合舱（不含热力）集水坑共用，综合舱（不含电力）与能源舱共用，通过"地漏（带水封）＋底板预埋管"接入公用集水坑。

（5）管廊内排水经排污泵提升后，将废水提升至管廊外泄压井，经消能后接入道路市政雨水管网。泄压井做法参照图集《排水检查井》（06MS201-3）或《混凝土模块式排水检查井》（12S522-21）。

（6）管线分支管廊排水应优先考虑采用 0.3％纵坡引入主管廊排水系统；需避开雨水、污水主管局部下凹的分支管廊，应独立设置集水坑及排水泵系统。

6.6.2　排水沟设置

（1）排水明沟的纵向坡度不应小于 0.2％。

（2）排水沟根据布置方式可分为单侧布置、双侧布置和中间布置。

（3）排水沟宽度宜为 200～300mm，深度宜为 50～100mm，若舱室底部设置腋角，则单侧及双侧布置的排水沟宽度应适当增大，可按 400～500mm 考虑。

6.6.3　集水坑设置

（1）每个集水坑顶部宜设置钢格板封盖，集水坑上盖板或盖箅子的设计应考虑巡检车的车载及通行要求。

（2）集水坑尺寸可参考表 6-8，具体尺寸以排水专业要求为准。

表 6-8　集水坑尺寸表　　　　　　　　　　　　　　　　单位：mm

长 A	单泵	800				1000				1200			
	双泵	1600				1800				2000			
宽 B		1000				1000				1200			
高 H		1000	1200	1400	1600	1000	1200	1400	1600	1000	1200	1400	1600

6.7　标识系统

综合管廊标识系统应包括介绍类标识、指示类标识、禁止类标识和警示类标识、疏散类标识四大类（图 6-1）。

图 6-1　常用标识示意图

1. 介绍类标识

综合管廊的主要出入口处应设置综合管廊介绍牌，并应标明综合管廊建设时间、规模和容纳管线。

2. 指示类标识

纳入综合管廊的管线，应采用符合管线管理单位要求的标识进行区分，并应标明管线属性、规格、产权单位名称、紧急联系电话。标识应设置在醒目位置，间隔距离不应大于 100m。

综合管廊的设备旁边应设置设备铭牌，并应标明设备的名称、基本数据、使用方式及紧急联系电话。

综合管廊内部应设置里程标识，交叉口处应设置方向标识。

人员出入口、逃生口、管线分支口、灭火器材设置处等部位，应设置带编号的标识。

综合管廊穿越河道时，应在河道两侧醒目位置设置明确的标识。

3. 禁止类标识和警示类标识

综合管廊内应设置"禁烟""注意碰头""注意脚下""禁止触摸""防坠落"等警

示、警告标识。

4. 疏散类标识

检修通道两侧项目位置、楼梯部位应设置出入口指向标识。

逃生梯、逃生口、人员出入口应设置醒目的标识。

综合管廊内标识应采用不燃、防潮、防锈类材质制作，标识字迹应清晰、醒目，即使在一定烟雾浓度下也可易于识别，以便事故情况下能够引导进入管廊人员及时缓解灾情或安全撤离现场。

第7章 入廊管线设计

7.1 设计原则

（1）管线设计应以城市工程管线规划及综合管廊总体设计为依据。管线容量设计应满足规划要求并适当留有余地。管线设计可参考《城市地下综合管廊管线工程技术规程》（T/CECS 532—2018）的有关规定。

（2）综合管廊内的管线应进行专项设计，宜与综合管廊工程设计同步。入廊管线一般为管线权属单位自行建设，委托有资质的设计、施工单位实施，宜与综合管廊工程设计同步，若无法同步设计，综合管廊设计应征求管线权属单位的意见。

（3）纳入综合管廊的金属管道应进行防腐设计。

（4）管线配套检测设备、控制执行机构或监控系统应设置与综合管廊监控与报警系统联通的信号传输接口。

（5）综合管廊内用于支承管道的支（吊）架、桥架及支墩应符合下列规定：

①应根据管道类型、管道参数及工作条件等，经计算分析确定，应具有足够的刚度和强度。

②应进行防锈防腐设计或采用耐腐蚀材质制作。

③压力管道的弯头、分支节点等部位应设置固定的支（吊）架或支墩，其余部位可设置为滑移支座。

④其与主体结构应有可靠的连接和锚固，应确保管线在遭遇本区域抗震设防烈度地震影响后能迅速恢复运转。

（6）压力管道进出综合管廊时，应在综合管廊外部设置阀门。

（7）介质输送管道接口宜采用防渗漏的刚性连接，不得采用承插连接。

（8）综合管廊内管线布置应满足运输、安装、检修及吊装等要求，并满足管道的排气阀、排水阀、伸缩补偿器、阀门等配件安装、运行、维护的作业空间要求。

（9）综合管廊内管道与外部管道连接处，应采取密封防水和防止差异沉降的措施。

（10）管道预留分支口应根据管线规划并适当考虑周边地块需求设置。

（11）综合管廊顶板设置的供管道及附件安装用的吊钩、拉环间距不宜大于 6m。

（12）给水、燃气等管道穿越防火墙时，宜在管道外增设钢套管，套管外径比工作管大一号，钢套管应进行防腐处理并采用防火材料封堵严实。

7.2 给水、再生水

（1）给水、再生水管道设计应符合国家标准《室外给水设计标准》（GB 50013—

2018)、《城镇污水再生利用工程设计规范》（GB 50335—2016）及《城市综合管廊工程技术规范》（GB 50838—2015）的有关规定。可参考图集《综合管廊给水管道及排水设施》（17GL 301、17GL 302）。

（2）给水、再生水管道可选用钢管、不锈钢管、球墨铸铁管或化学建材管等。钢管的管材不应低于 Q235，其质量应符合国家标准《碳素结构钢》（GB/T 700—2006）的要求；不锈钢管的质量应符合国家标准《流体输送用不锈钢无缝钢管》（GB/T 14976—2012）、《流体输送用不锈钢焊接钢管》（GB/T 12771—2019）的规定；球墨铸铁管的质量应符合国家标准《水及燃气用球墨铸铁管、管件和附件》（GB/T 13295—2019）的规定；化学建材管的质量应符合相关产品现行国家标准的规定。

（3）给水、再生水管管道需设置各种弯管、三通、四通等管件，可选用成品管件或者现场制作的钢制管件，可参照国家建筑工程标准图集《钢制管件》（02S403）。

（4）给水、再生水管道接口宜采用刚性连接，钢管可采用沟槽式连接，球墨铸铁管采用柔性接口时可采用自锚接口连接及法兰连接；管道应设置限位补偿接头。

（5）给水、再生水管道采用金属管道时应采取防腐措施。具体做法可参照图集《综合管廊给水管道及排水设施》（17GL 301、17GL 302）。

（6）管道支撑的形式、间距、固定方式应通过计算确定，并应符合国家标准《给水排水工程管道结构设计规范》（GB 50332—2002）的有关规定。各种支架、支座做法可参考图集《综合管廊给水管道及排水设施》（17GL 301、17GL 302）及《室内管道支架及吊架》（03S402）。

7.3　燃　　气

7.3.1　一般要求

（1）含天然气管道舱室的综合管廊不应与其他建（构）筑物合建。天然气管道舱室严禁穿越下列设施：

①地下商业中心、地下人防设施、地下地铁站（换乘站）等重要公共设施。

②堆积易燃易爆材料和具有腐蚀性液体的场地、地上商业中心、学校、医院、图书馆等人员集中的重要公共设施。

③铁路车站和编组站、架空的城市轨道交通换乘站、铁路和公路桥梁、立交桥、公路和公交站场及交通枢纽等大型构筑物。

（2）参照《油气输送管道与铁路交汇工程技术及管道规定》第十四条和第二十一条，《油气输送管道穿越工程设计规范》（GB 50423—2013）第 3.3.7 条 3 款，《地铁设计规范》（GB 50157—2013）第 11.1.12 条第 2 款以及行业标准《铁路隧道设计规范》（TB 10003—2016）第 3.2.11 条等相关条款的规定，天然气管道舱室与地铁隧道平行或交叉敷设时，应符合下列规定：

①平行敷设时，与地铁隧道的净距不应小于两者中较大外缘尺寸的 1 倍。

②在既有地铁隧道上方采用非爆破方式挖沟建设，管廊底与地铁隧道结构顶部外缘的垂直间距不应小于 10m。

③天然气管廊建设预计下方后续有地铁隧道时，管廊底预留与地铁隧道结构顶部外缘的垂直间距不宜小于20m。

（3）城市综合管廊内的天然气管道宜为输配气干管。天然气管道的设计压力不宜大于1.6MPa，四级地区综合管廊内天然气管道的设计压力不应大于1.6MPa，同时考虑经济的合理性，低压和管径小于DN150的天然气管道不宜单独在综合管廊内敷设。

（4）天然气管道应采用无缝钢管，管材技术性能指标不应低于国家标准《输送流体用无缝钢管》（GB/T 8163—2018）的有关规定。

（5）综合管廊内天然气管道阀门和管件应按管道设计压力提高一个压力等级选用。天然气管道、管件、阀门应采用焊接连接，焊缝应进行100％射线及100％超声波检验。

（6）若天然气管道敷设于独立舱室的地面，则宜采用撞击时不产生火花的地面（图7-1）。

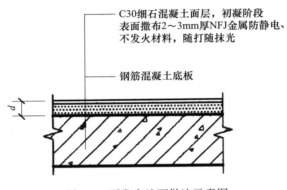

图7-1　不发火地面做法示意图

（7）天然气管道进出管廊和穿过防火隔墙时，应符合下列规定：

①天然气管道应敷设于套管中，且保持一定的间隙。

②套管内的天然气管道不应有对焊接头。

③套管内径应大于天然气管道外径100mm以上。套管与天然气管道之间的间隙应采用难燃且密封性能良好的柔性、耐腐蚀、防水的材料填实。

④套管应在管廊墙体内预埋，套管伸出管廊墙体外表面的长度不应小于200mm。

（8）天然气管道进出综合管廊时应在综合管廊内外管道之间设置绝缘装置，并应在绝缘装置受力侧设置锚固墩，绝缘接头应设置在出管廊紧急切断阀后。

7.3.2　阀门设置

（1）天然气管道进出城市综合管廊时应设置具有远程开/关控制功能并带手动开闭机构的紧急切断阀。

（2）天然气管道分段阀宜设置在综合管廊外部。管廊内设置的分段阀应选用全焊接球阀，且应具有远程控制功能。

7.3.3　放散设施

（1）放散阀一般设置在分段阀两侧及分支管道紧急切断阀之后。

（2）天然气管道放散阀宜设置在管廊外，排放口严禁设置在管廊内。

（3）放散管放散阀前应装设取样阀及管接头。

（4）不设固定放散管的放散阀后应设置法兰盲板（包括置换接口）。

（5）放散管口应采取防雨、防堵塞措施，且满足防雷、接地等要求。

7.3.4 补偿器

（1）综合管廊内敷设的天然气管道应根据实际情况计算热补偿量并采取合适的补偿措施，宜采用方形补偿器进行补偿。

（2）管径 DN<100mm，方形补偿器采用一根管弯制，弯头采用煨制；管径 DN≥100mm 时，弯头宜采用钢制热压弯头或使用无缝热压弯头。方形补偿器的弯管曲率半径见表 7-1。

表 7-1　方形补偿器的弯管曲率半径　　　　单位：mm

公称直径 DN	25	32	40	50	65	80
曲率半径 R	150	150	200	200	300	350
公称直径 DN	100	125	150	200	250	300
曲率半径 R	150	190	225	300	375	450

（3）方形补偿器一般布置在两固定支架中间，其固定支架最大允许间距见表 7-2。

表 7-2　方形补偿器固定支架最大允许跨距

公称直径 DN（mm）	25	32	40	50	65	80	100
管道长度 L（m）	30	35	45	50	55	60	65
公称直径 DN（mm）	125	150	200	250	300	350	400
管道长度 L（m）	70	80	90	100	115	130	145

方形补偿器的设置可参照国家建筑工程标准图集《综合管廊燃气管道敷设与安装》（18GL 501）、《室内动力管道装置安装-（热力管道）》（01R415）及《金属管道补偿设计与选用》（14K206）。

7.3.5 支架

天然气管道舱内的天然气管道宜采用低支墩或支架架空敷设，并应符合下列规定：

（1）支座宜采用固定支座和滑动或滚动支座。

（2）支架间距应根据管道荷载、内压力及其他作用力等因素，经强度计算确定，并应验算管道的最大允许挠度。

（3）支座边缘与管道对接环焊缝的间距不应小于 300mm。

（4）支座应满足管道抗浮和管廊沉降变形的要求。

7.3.6 设计注意事项

（1）燃气出线口除要预埋燃气管道出舱防水套管外，还应额外预埋 2 个防水套管，用作舱外燃气阀门的动力和控制线缆的接出。

（2）燃气管道分段阀门设置在综合管廊外部时，应额外预埋 2 个防水套管，用作舱外燃气阀门的动力和控制线缆的接出。分段阀门设置在综合管廊内部时，阀门两侧放散管应接出至综合管廊外，要额外预埋 2 个防水套管。

（3）燃气管道设置方形补偿器的位置应预留足够的安装空间，若空间不够，舱室应局部加高。

7.4　热　　力

7.4.1　一般要求

热力管道应采用钢管、保温层及外护管紧密结合成一体的预制管，热力管道及配件的保温材料应采用难燃材料或不燃材料。高密度聚乙烯外护套易点燃，对施工环境影响较大；聚氨酯保温材料很难做到难燃或不燃，在综合管廊中不推荐采用。

管道及附件保温结构的表面温度不得超过 50℃。保温设计应符合国家标准《设备及管道绝热技术通则》（GB/T 4272—2008）、《设备及管道绝热设计导则》（GB/T 8175—2008）和《工业设备及管道绝热工程设计规范》（GB 50264—2013）的有关规定。

热力管道除采用自然补偿器外，还可采用套筒补偿器、波纹管补偿器、球形补偿器和旋转补偿器等，宜选用压力平衡式补偿器，压力平衡式补偿器虽然构造复杂，造价相对较高，但不产生盲板力，可有效降低整体管道的热应力，进而减少支座尺寸，节约管廊空间。

补偿器的补偿能力应符合下列规定：

（1）波纹补偿器的技术要求、试验方法、检验方法应符合国家标准《金属波纹管膨胀节通用技术条件》（GB/T 12777—2019）的有关规定。

（2）套筒补偿器的技术要求、试验方法、检验方法应符合行业标准《城镇供热管道用焊制套筒补偿器》（CJ/T 487—2015）的有关规定。

（3）采用弯管补偿器或波纹管补偿器时，设计应考虑安装时的冷紧，冷紧系数可取 0.5。

（4）当一个补偿器同时补偿两侧管道热位移时，应分别计算两侧热伸长量叠加后确认补偿器的补偿能力，补偿器补偿能力不应小于热伸长量的 1.1 倍。

热力分支管与廊外直埋管线衔接时，也要考虑热应力的问题。一般可在分支管上设置大拉杆横向型补偿器或利用管道的自身弯曲管段（如 L 形或 Z 形）作为补偿管段。

7.4.2　支架设置

热力管道支架布置及尺寸应按国家标准《压力管道规范 公用管道》（GB/T 38942—2020）、《城镇供热管网结构设计规范》（CJJ 105—2005）及《混凝土结构设计规范》（GB 50010—2010，2015 年版）的有关规定计算确定。支架的设置和选型，应确保符合管道补偿、热位移和对固定支架等设备推力的要求；支架结构应简单且具有足够的强度和刚度。

支架是热力管道主要的受力构件，承受管道重力和热应力，设计时须根据热力管线和支架布置方案对受力情况进行分析计算。对于纳入热力管的管廊来说，设计重点是确定不利固定点的位置和受力大小。不利固定点的支座有两个特点：一是支座受力非常大，因此支座的钢筋必须和管廊壁板钢筋锚固在一起，需要与管廊壁板同步施工，很难在后期二次施工增加；二是支座的位置和受力大小在不同工况下存在差异，采用相同介质、运行压力、环境温度和平面布置下的热力管，当管径、补偿器类型、补偿器间距、阀门位置、堵板位置或弯管位置不同时，固定点的位置和受力大小也不尽相同。因此，综合管廊只有和入廊热力管线同步设计，才能准确确定固定支座的位置和受力大小。但在实际工程应用中，由于城市发展的不确定性，热力管线存在分期实施、规划调整或远景扩容的可能性，均有可能造成固定支座的变化。

7.4.3 设计注意事项

（1）为满足道路或建筑红线的要求，综合管廊呈圆弧状布置，若将此圆弧段热力管道两端固定，整个管道可以自然补偿，管道发生径向膨胀位移。因此，在综合管廊圆弧段，需要预留热力管道膨胀空间。

（2）当综合管廊在路由上遇到纵向障碍物时，往往采取局部下沉、上抬形成倒虹段的处理方法。对于倒虹段，我们应考虑采用自然补偿形式处理，但倒虹段设置不当，易造成热力管道热应力大于管材的许用应力，无法实现自然补偿。如图7-2所示，由于转角过大，管道无法进行自然补偿，应按图7-3所示优化设计，将热力管道转角改为90°，并经应力验算，使热力管道满足自然补偿要求。

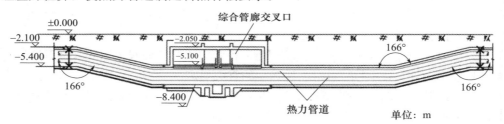

图7-2 综合管廊倒虹段热力管道设计形式一

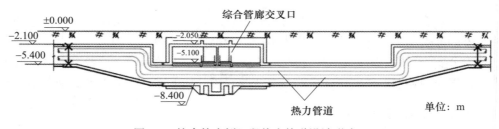

图7-3 综合管廊倒虹段热力管道设计形式二

7.5 电　力

7.5.1 一般要求

（1）66kV及以上高压电力电缆应采用单芯电缆；改造项目空间受限和需压缩电缆

舱空间的新建地下管廊项目，可根据制造情况采用三芯电缆；35kV 及以下不受敷设条件限制时，应选用三芯电缆。

（2）管廊内电力电缆应采用阻燃电缆或不燃电缆，并应根据电缆的配置情况、所需防止的事故风险等级和经济合理的原则，选择适合的电缆阻燃等级。

（3）66kV 及以上电压等级电缆敷设宜采用蛇形敷设方式。蛇形敷设的节距宜为6～12m，波形宽度宜为电缆外径的 1～1.5 倍。

（4）电缆在竖井、引出段、分支段、交叉段等特殊区段内进行交叉敷设、向上引上敷设过程中应结合管廊实际情况，在满足电缆安全敷设的前提下进行支架、夹具布置设计，并合理预留吊攀及活动支架。

（5）电力电缆舱内的接地系统应设置专用的接地干线。宜利用管廊本体结构钢筋等形成环形接地网，并采用截面积不小于 40mm×5mm 的镀锌扁钢接地。

7.5.2　支架设置

（1）电力电缆敷设安装应按支架形式设计。支架形式选择、支架间距、支架跨距应符合国家标准《电力工程电缆设计标准》（GB 50217—2018）、《交流电气装置的接地设计规范》（GB/T 50065—2011）和《城市电力电缆线路设计技术规定》（DL/T 5221—2016）的有关规定，并应符合下列规定：

①应满足所需的承载能力。

②当需布置电缆接头时，电缆支架层间间距应能满足电缆接头放置和方便安装的要求。

③腐蚀性环境可选用不锈钢、铝合金或断裂率低的复合材料支架。

④支持工作电流大于 1500A 的交流系统单芯电缆时，宜选用非磁性材料支架。

⑤表面应光滑、平整，无损伤电缆绝缘的凸起、毛刺和尖角。

⑥应适应使用环境，耐久稳固，并应符合工程防火要求。

（2）综合管廊支架形式主要有传统镀锌角铁支架、装配式成品支架及玻璃钢复合支架。支架形式应满足管线单位要求。支架形式综合对比见表 7-3。

表 7-3　支架形式综合对比表

形式	传统镀锌角铁支架	装配式成品支架	玻璃钢复合支架
图示			
美观性	1. 角钢支架占用空间大，笨重； 2. 横担容易倾倒，影响安装； 3. 整体美观性差	1. 成品电缆支架设计性强； 2. 连续控制性好，空间节省； 3. 支架整体美观	1. 支架常规段整体美观性好； 2. 三通、工作井连接处连续性差

续表

形式	传统镀锌角铁支架	装配式成品支架	玻璃钢复合支架
隔热及涡流损耗	1. 传热性强，易传导给电缆保护层； 2. 支架温度高，对电缆保护不利； 3. 具有电磁性，产生涡流损耗	1. 隔热性能好； 2. 不导电； 3. 不会产生涡流损耗	1. 不导电； 2. 不会产生涡流损耗； 3. 热膨胀系数大，容易产生由温差引起的破坏
经济合理性	1. 造价低； 2. 后期维护成本高； 3. 耐腐蚀性能差	1. 强度高； 2. 耐腐蚀性能强； 3. 电缆负重较大时，经济性更好； 4. 成本与玻璃钢接近，长期成本更低	1. 刚度和强度低，在盐碱性环境中容易发生溶胀破坏； 2. 长期耐温性差； 3. 层间剪切强度低，易老化； 4. 造价高
工期及安装	1. 制作工序繁多； 2. 安装需焊接和现场防腐； 3. 安装速度慢； 4. 对工人安全保护差	1. 现场安装简便； 2. 无须焊接和打孔，无须现场防腐； 3. 安装速度快，节省空间； 4. 对工人保护性强	1. 施工质量很难保证； 2. 侧向受力差，施工中容易断裂； 3. 尺寸定制，可调性差

（3）支架生根方式主要有预埋槽钢、后置锚栓（包括机械锚栓及化学锚栓）。装配式成品支架两种方式均可采用，传统镀锌角铁支架一般采用后置锚栓方式。

（4）支架荷载主要包含电缆、夹具、支架等自重以及安装人员攀爬荷载，具体见表7-4。

表7-4　支架荷载统计表

荷载				
恒载	6m间距	220kV电缆		（3×每回每延米电缆重40kg×6m＋夹具9kg）＝729kg，单个托臂电缆荷载取7.29kN
		110kV电缆		托臂一：（3×每回每延米电缆重20kg×6m＋夹具7kg）＝367kg，单个托臂电缆荷载取3.67kN； 托臂二：每两档支架承担两套中间接头，平均每档承担中间接头1套，接头层电缆接头重180kg，由2个托臂共同承担，单个托臂承担的接头荷载180kg； （2×每回每延米电缆重20kg×6m＋夹具7kg）＋180kg＝427kg，单个托臂荷载取4.27kN
		220kV电缆接头层		每两档支架承担两套中间接头，平均每档承担中间接头1套，接头层电缆接头重600kg，由2个托臂共同承担，单个托臂承担的接头荷载为600kg，单个托臂荷载取6kN
	1m间距	10kV电缆		（5×每回每延米电缆重15kg）＝75kg，单个托臂电缆荷载取0.75kN； （4×每回每延米电缆重15kg）＝60kg，单个托臂电缆荷载取0.6kN
		自用托架		自用缆线和槽盒60kg，取0.6kN
施工活载	安装人员蹬踏及攀爬荷载			单个托臂90kg，取0.9kN

注：110kV及220kV电缆采用垂直蛇形敷设，每6m固定一次。

（5）支架材料：支架立柱及托臂钢材宜选用Q235B钢或以上强度标准钢材，应符合规范《碳素结构钢》（GB/T 700—2006）及《低合金高强度结构钢》（GB/T 1591—2008）的有关要求。

（6）支架安装要求

①若采用成品支架，支架由厂商根据荷载计算，提交具体规格型号，成品支吊架系统应具备耐火等级测试报告，以确保在发生火灾时具有一定的耐火时效，须提供相应的支架系统耐火性能测试报告；电力舱支架的燃烧性能应不低于 B1 级，且与接地极良好连接。

②支架所有材料均采用热浸镀锌防腐，在热浸镀锌之前应按《热喷涂 金属零部件表面的预处理》（GB/T 11373—2017）的规定进行表面预处理，镀锌层厚度不小于 $85\mu m$。

③电缆支架跨距要求详见表 7-5。

表 7-5　普通支架（臂式支架）、吊架的允许跨距　　　单位：mm

电缆特征	敷设方式	
	水平	垂直
未含金属套、铠装的全塑小截面电缆	400 *	1000
除上述情况外的中、低压电缆	800	1500
35kV 以上高压电缆	1500	3000

注：1. 低压电 220/380～660V，中压电 6～35kV，高压电 110～220kV，超高压电 330～500kV。
　　2. * 表示能维持电缆较平直时，该值可增加 1 倍。

7.6　通　　信

通信线缆应采用阻燃线缆。

通信线缆敷设安装宜按桥架形式设计，并应符合国家标准《通信线路工程设计规范》（GB 51158—2015）和《光缆进线室设计规定》（YD/T 5151—2007）的有关规定。

电缆桥架根据材料可分为钢制电缆桥架、铝合金电缆桥架、玻璃钢电缆桥架及高分子合金桥架。雄安新区主要使用热浸镀锌钢制电缆桥架及高分子合金电缆桥架，应根据使用条件、管廊运维需求及经济性进行合理选择。消防负荷电缆宜采用热浸镀锌钢制桥架，非消防负荷电缆宜采用高分子合金桥架。电缆桥架对比见表 7-6。

表 7-6　电缆桥架对比表

项目	高分子合金电缆桥架	钢制电缆桥架	玻璃钢电缆桥架
产品外观	美观，光滑、无毛刺，颜色可选	一般（毛刺较多，易留焊渣）	一般（若皮肤直接接触会产生不适症状）
烟密度	抑烟产品，少烟	少烟	大烟
氧指数	阻燃	不燃	易燃
耐腐蚀性能	耐腐蚀，适合普通电缆敷设的任何场所	在有腐蚀气体、液体环境下易生锈、易被腐蚀	产品在腐蚀环境下不会发生化学反应，但在高温下会产生有毒、有害气体
抗老化性能	适合任何环境条件下的使用，使用年限较长	在潮湿的环境下易生锈，使用年限较短	不耐热、耐磨性低，长期窝温易老、化易变形

项目	高分子合金电缆桥架	钢制电缆桥架	玻璃钢电缆桥架
防漏电安全接地	无须接地，绝缘产品	需要接地装置	无须接地
生产特征	现场测量、现场配件组装，安装误差小，缩短安装期限	配件加工时间依据设计图纸，提前制作完毕，现场安装误差较大，现场需要电焊、切割的工序，安装不便，阻碍安装时效	配件依据设计图纸提前制作完成，现场安装误差较大，连接处螺丝较多，安装不便，钻孔影响安装效率
现场变更	容易	难	难
质量	轻	重	一般
安装时出现的次品率	标准化运送，现场安装，基本无次品	搬运、安装时易变形，次品率高	现场冲孔难，桥架本身裂缝多，次品率高
安装电缆时，桥架自身结构对电缆有无负作用	内壁光滑，敷设时不会造成电缆皮损伤	连接的螺栓及未处理好的焊点容易对电缆皮造成损坏，影响电缆使用寿命	因连接的螺栓是金属制品，有时会因拉电缆对电缆造成损坏，导致电缆皮爆裂，影响电缆使用寿命
使用寿命	长	一般	短

第8章 建筑设计

8.1 一般要求

8.1.1 墙体

综合管廊内轻质隔墙及防火墙可采用加气混凝土砌块、烧结页岩多孔砖、混凝土空心砌块等砌筑，砌筑砂浆采用专用砂浆或 M10 水泥砂浆，两侧水泥砂浆抹面。详细构造做法详见图集《墙身-加气混凝土（砌块、条板隔墙）》（08BJ2-3）、《烧结页岩砖、砌块墙体建筑构造》（14J 105）及《混凝土小型空心砌块墙体建筑与结构构造》（19G 613）等。

综合管廊防火墙的设置主要有以下几种形式，具体采用哪种形式根据管线权属单位及综合管廊建设运营单位的要求而定。

（1）砌块＋阻火包：常规方案安全可靠，经济节约；但不利于管线安装，拆卸后产生建筑垃圾，需重新修筑。

（2）全阻火包：采用混凝土或钢结构布置构造柱及门过梁，其他均由阻火包填充。拆卸方便，满足管线分期实施；但感观效果较差。

（3）全砌块：采用砌块砌筑，所有管线按规划预留套管。美观、结构性能好；但施工复杂，不利于管线分期安装，造价高。

（4）无机防火隔板＋防火胶泥：采用无机防火隔板砌筑，按照规划断面预留各类管线洞口，洞口使用防火胶泥封堵，采用钢结构布置构造柱及门过梁。安装、拆卸方便，简约美观；造价稍高。

防火墙应满足耐火极限不低于 3.0h 的要求。钢架结构应采用厚涂型钢结构防火涂料做保护层，应符合《建筑钢结构防火技术规范》（GB 51249—2017）的规定，防火隔板构造详见图集《防火建筑构造（一）》（07J905—1）。

8.1.2 预留洞

管道、电缆等需穿过防火墙、楼板及防火分隔时，应根据贯穿物特点及各种开口和空隙大小，用与之相适应的防火封堵材料（岩棉等）将空隙填塞密实，并达到相应耐火极限要求。当电缆等预留孔洞较大时，应采用阻火包进行封堵。钢筋混凝土墙体及楼板留洞应进行封堵，其余砌体墙留洞待管道设备安装完毕后，用 C25 细石混凝土填实。防火封堵应符合《建筑防火封堵应用技术标准》（GB 51410—2020）的有关规定。

8.1.3 门窗

监控中心机房、电力舱和天然气舱相邻防火分区之间的防护墙、防火分区的设备间等位置应设置甲级钢制防火门。防火门应安装防火门闭门器，或设置让常开防火门在火灾发生时能自动关闭的闭门装置。

8.1.4 钢梯

综合管廊内的钢爬梯应满足国家标准《固定式钢梯及平台安全要求 第 1 部分：钢直梯》（GB 4053.1—2009）及《固定式钢梯及平台安全要求 第 2 部分：钢斜梯》（GB 4053.2—2009）要求，做法根据不同角度参照国家标准图集《钢梯》（15J401）选用，钢直梯一般选用图集《钢梯》（15J401）中"T5 06"形式。

防腐：应对钢梯至少涂一层底漆和一层（或多层）面漆；或进行热浸镀锌，或采用等效的金属保护方法。在持续潮湿条件下使用的梯子，建议进行热浸镀锌，或采用特殊涂层或采用耐腐蚀材料。

钢梯高度及保护要求如下：

（1）单段梯高宜不大于 10m，攀登高度大于 10m 时宜采用多段梯，梯段水平交错布置，并设梯间平台，平台的垂直间距宜为 6m。单段梯及多段梯的梯高均应不大于 15m。

（2）梯段高度大于 3m 时宜设置安全护笼，单梯段高度大于 7m 时，应设置安全护笼。安全护笼底部距梯段下端基准面的距离为 2.1～3.0m，护笼做法参照图集《钢梯》（15J401）。

电力舱常规钢爬梯有两种：活挂爬梯及固定爬梯。活挂爬梯不牢靠，攀爬有坠落风险，且无接地；固定爬梯占用检修通道，且对电缆从地面架设到支架造成影响。电力舱钢梯设置需按当地供电公司要求设置。

8.1.5 内装修

内装修工程执行国家标准《建筑内部装修设计防火规范》（GB 50222—2017），楼地面部分执行标准《建筑地面设计规范》（GB 50037—2013），内装修施工做法可参照图集《工程做法》（05J909）。

8.1.6 细部做法

（1）台阶及坡道：主管廊、支管廊纵向坡度大于 10%处，其人员通行部分应设台阶或防滑坡道，具体做法可参照图集《工程做法》 （12BJ1-1）或者《工程做法》（05J909）。

（2）护栏：一般采用不锈钢栏杆，做法参照图集《钢梯》（15J401）或者《楼梯 栏杆 栏板（一）》（15J403-1）。不锈钢栏杆一般选用图集《钢梯》（15J401）中的 LG4 型或者《楼梯 栏杆 栏板（一）》（15J403-1）中的 PB5 型。

8.2　出地面口部构造

8.2.1　一般要求

（1）各类出地面口部宜集中复合设置，以便管理和减少对环境景观的影响。

（2）各类出地面口部的设置应符合《城市综合管廊工程技术规范》（GB 50838—2015）有关规定。

（3）各类出地面口部的外观造型应满足城市道路景观、街道一体化设计及城市家具设计等要求。

8.2.2　各类出地面口部示例

出地面口部样式见表8-1。

表 8-1　出地面口部样式表

类别	示例
通风口	
人员出入口	

类别	示例
人员出入口	

8.3 监控中心

8.3.1 一般要求

监控中心建设应符合城市总体规划要求,以综合管廊专项规划为依据,结合城市规模、管廊规模、经济水平等统筹考虑,坚持因地制宜、远近结合、统一规划、统筹建设的原则,并与周边环境相协调。

监控中心选址应结合城市土地利用规划,总体布置应满足安全、可靠、应急响应及时、运维管理方便、运营成本经济等要求。

监控中心工程应与综合管廊工程同步规划、同步设计、同步建设。

8.3.2 层级功能

(1)监控中心作为综合管廊后续运行管理的主要场所,按级别应分为城市级、区域级和项目级。不同级别的监控中心之间宜数据联动,采用专用网络及通信系统连接。城市级监控中心应与城市智慧数据中心实现数据联动。

(2)城市级监控中心的主要功能为应急指挥、安全防控、设备管理、网络及数据安全监控等,应设置大型显示屏幕,宜与城市其他市政设施管理用房统筹考虑,便于智慧型城市建设和城市基础设施统一管理。

(3)区域级监控中心的主要功能为综合监控、运维调度、设备控制、安全管理、应急处置、协调入廊管线管理、信息档案管理等,应统筹一定区域内的项目级监控中心,并具有与城市级监控中心应急联动的功能。

（4）项目级监控中心应具有对本项目区域内综合管廊各类设施设备数据的采集、存储及上传功能，同时具备对本项目区域内所有综合管廊进行监控、现场设备控制、安全管理、应急处置、综合管廊的日常巡检、协调入廊管线管理、信息档案管理等功能。

8.3.3 设置原则

各级别监控中心运营里程及建筑面积详见表8-2。

表8-2 各级别监控中心设置一览表

序号	监控中心类别	数量	设置原则	运营里程（km）	建筑标准（m²）
1	城市级监控中心	全市一处	1. 宜与其他市政设施城市级监控中心合建； 2. 宜靠近全市综合管廊里程最多的区域； 3. 宜与全市运营综合管廊里程最多的区域级监控中心合建	小于450	2300～2500
2	区域级监控中心	每个区域一处	1. 宜与各区域或各公司其他公共建筑或市政设施合建； 2. 宜与区域内所属运营里程最多的项目级监控中心合建	小于50	2100～2700
				50～100	2600～3100
				100～200	3000～3500
3	项目级监控中心	每个项目应具备项目级监控中心功能，邻近项目可共用一处	1. 应按照监控管廊里程和管廊重要性分级别建设； 2. 应贴邻管廊，宜与其他公共建筑合建	运维半径小于5km	600～800
				运维半径5～10km	800～1000

资料来源：《城市综合管廊监控中心设计标准》（T/CMEA 13—2020）。

监控中心的面积与级别和建设形式有密切关系，根据对国内监控中心面积的调查，城市级/区域级监控中心独立占地面积均在1500～4500/600～2000m²，附建式占地在200～500m²。

8.3.4 建筑功能

（1）出入口、道路和各类室外场地的布置，应满足监控中心的功能需要，需考虑检修车辆停靠、办公人员车辆停靠及人员出入通道的需求。

（2）监控中心房间需求主要包括核心功能用房和建筑配套用房。

核心功能用房宜包括指挥中心、监控室、数据机房、空调机房、不间断电源装置室、备件室、变配电室、应急物资储备间等。

建筑配套用房宜包括办公室、会议室、资料室、值班室、休息室、更衣室、卫生间等。

（3）具有对外参观功能的监控中心，应标明参观人数和参观区域，并应符合行业标准《展览建筑设计规范》（JGJ 218—2010）和国家标准《无障碍设计规范》（GB 50763—2012）的有关规定。

（4）监控中心与综合管廊宜相邻设置，并设专用连接通道连通（图8-1）。连接通道的设计应符合下列规定：

①检修人员可通过连接通道由监控中心直接进入综合管廊。

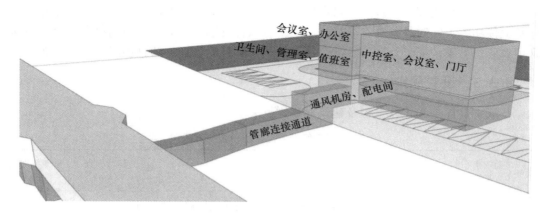

图 8-1　监控中心与综合管廊连接通道示意图

②连接通道路由应简明、通直。

③连接通道净高不宜小于 2.2m。

④设检修车通道的综合管廊与监控中心宜考虑车行连接通道，通道宽度应符合国家标准《城市综合管廊工程技术规范》（GB 50838—2015）的有关规定。

8.3.5　统一管理平台

（1）统一管理平台层级根据管辖规模、管控范围、管理权责，宜划分为城市级、区域级和项目级，宜结合业主管理需求，规划落实各级控制管理职能。

（2）统一管理平台系统的软、硬件架构应采用分层式模块化架构。系统的硬件主要由系统监控工作站终端、系统服务器、存储设备、系统接口设备、系统网络等构成，系统软件采用分层结构。系统应具有可扩展性、易维护性、开放性和灵活性。

（3）统一管理平台的信息通信接口应采用标准的接口形式并应具有兼容性，协议应采用标准协议或公开的非标准协议。

（4）统一管理平台应设置边缘数据及视频数据节点，与雄安新区数字城市块数据平台及视频一张网平台对接。应开发与 CIM（城市信息模型）平台及物联网统一管理平台对接的接口。

8.3.6　建设形式及案例

（1）监控中心应落实集约用地的理念，优先利用城市公共设施和现有基础设施，或与变电站、通信机楼等其他市政设施合建。

（2）综合管廊监控中心主要有以下几种建设形式：

①利用现有建筑。

成都地下综合管廊城市级总监控中心利用成都市城投集团办公园区 7 号楼地上 5 层建筑，在原有建筑主体结构的基础上，充分利用市政务云平台基础资源，按照城市级总监控中心功能需求和标准进行信息化基础设施建设，建设面积约 2790m²，同步开展应用系统（包括综合应用分析系统、运营监督评价系统、应急指挥管理系统、基础信息管理系统、信息发布系统以及系统集成）、基础数据资源管理平台（包括地理信息与 BIM

应用、数据库、数据资源管理系统、数据共享与交换服务平台、数据采集系统、统一资源管理系统）及配套系统等信息化建设，项目建成后应发挥全市综合管廊统一管理和指挥调试作用，形成全域监控、指挥调度、信息发布、数据管理与服务、展示参观、运营监管等功能（图 8-2）。

图 8-2　成都地下综合管廊城市级总监控中心

②地上独立建筑。

武汉武九线综合管廊四美塘主监控中心，主要功能是为管廊提供设备检修、监控及办公等配套服务设施。总建筑面积 2246.71m²，其中地上计容建筑面积 1433.32m²，地下不计容建筑面积 813.39m²。地上层数为两层，地下一层，建筑高度 12.95m（图 8-3）。

图 8-3　武九线综合管廊四美塘主监控中心

石家庄地下综合管廊总控中心位于友谊南大街与汇明路交会处，是全市地下综合管廊建设、管理和展示的综合中心，地上三层、地下一层（局部两层），利用管廊内已经布有的监控和安全防范等多项系统，实现对管廊的 24h 智能监控。同时，兼具石家庄市管廊试点建设展览厅、科普厅的展示参观功能（图 8-4）。

图 8-4　石家庄地下综合管廊总控中心

③地埋式建筑。

成都 IT 大道分控中心，全地下设置，与日月大道 BRT 合建（图 8-5）。

图 8-5　成都 IT 大道分控中心

天府新区雅州路综合管廊监控中心与道路旁绿地下的公共地下停车场合建（图 8-6）。

图 8-6　天府新区雅州路综合管廊监控中心

天府商务区东区分控中心，全地下单独设置，位于路侧绿化带内（图 8-7）。

图 8-7 天府商务区东区分控中心

蜀龙路分控中心，全地下设置，位于跨线桥下方（图 8-8）。

图 8-8 蜀龙路分控中心

成都东一线南延线项目级分控中心，设置指挥中心、监控室、设备间、值班室、休息室、更衣室、卫生间、配电房、通风机房等功能用房。场地位于规划绿地内，紧邻规划 220kV 变电站。分控中心占地面积约为 885.4m²（含车行及人行通道面积）。分控中心通过车行连接通道及人行连接通道进入管廊下方夹层，管廊对应位置按照规范要求进行加宽。检修车辆及人员从管廊下方夹层利用坡道/楼梯进入管廊层（图 8-9）。

图 8-9 成都东一线南延线项目级分控中心

第9章 人防设计

9.1 一般要求

（1）为保障战时城市综合管廊内工程管线的安全，并利于战后恢复使用，应对干线综合管廊和支线综合管廊工程进行人民防空防护设计。人防工程设计首先根据人防工程总体规划和当地人防部门的要求进行设计，确定其部位、规模、使用功能和要求，和工程项目同步设计。城市综合管廊战时不宜用于其他人民防空。

根据目前雄安新区项目经验，综合管廊投入使用前，需要通过人防验收。综合管廊人防设计方案，需要有人防部门的明确意见。

（2）综合管廊人防工程的抗力级别应与其重要性相适应，防核武器、防常规武器抗力级别均不低于6级。当位于重要地区或城市重点地段时，经当地人防主管部门批准，可按抗力级别5级设防。

（3）城市综合管廊工程防化级别

①廊道部分无防化要求。

②当地下监控中心按人防要求设计时，防化级别宜为丁级。

因综合管廊主体部分战时不考虑人员掩蔽和疏散功能，故不考虑防生化武器的密闭要求以及防核武器的辐射要求。

（4）综合管廊人防工程应根据防护需求划分防护单元，并符合下列要求：

①综合管廊工程宜分线划分为不同的防护单元。

②当按照甲类人防设防时，城市综合管廊廊道部分可按舱室分别划分为一个防护单元。

③监控中心等附属设施应独立划分为一个防护单元。

④当按照乙类人防设防时，可不划分防护单元。

9.2 孔口设防设计

9.2.1 一般要求

（1）孔口防护设备的选用应符合下列规定：

①防护设备应选用经国家批准的定型产品。

②防护设备的设置不应影响综合管廊的使用和维护。

③当选用的防护设备无对应抗力级别的定型产品时，不得用两道或多道低抗力的防

护设备代替，可选用较高级别抗力的定型产品。

④战时出入口和逃生口的防护设备，应设置可手动快速启闭的门式设备或防护密闭盖板。

（2）设置在人员出入口、逃生口、通风口的防护密闭门（盖板），其设计压力值应符合《人民防空地下室设计规范》（GB 50038—2005）中第 3.3.18 条的规定。吊装口防护密闭盖板承受的等效静荷载标准值可同管廊顶板取值。连通口防护密闭门按双向受力选用，其等效静荷载标准值可取 50kN/m²。

9.2.2　人员出入口

（1）主要出入口宜设置在地面建筑倒塌范围以外，当条件限制不能设置在倒塌范围以外时，口部应有防倒塌堵塞措施；防核武器抗力级别为 5 级、6 级及 6B 级时，地面钢筋混凝土结构建筑倒塌范围按 5m 计取。

（2）人员出入口通道宽度不应小于 1.5m，净高不应小于 2.2m，门洞净宽不应小于 0.8m，净高不应小于 2.0m，楼梯净宽不应小于 1.0m，防护密闭门的门前通道净宽和净高应满足门扇的开启和安装要求。

（3）城市综合管廊工程的廊道部分战时人员出入口应设置一道防护密闭门，防护密闭门应向外开启，并宜结合平时使用要求设置，战时关闭。做法参照图集《防空地下室建筑设计示例》（07FJ01）。

依据《人民防空地下室设计规范》（GB 50038—2005）第 3.3.6 条及河北省工程建设标准《城市综合管廊工程人民防空设计导则》（DB13（J）/T 280—2018）第 4.2.3 条规定，综合管廊的主体部分无防化要求，战时允许染毒，设置一道防护密闭门即可满足防护要求。人员出入口示意如图 9-1 所示。

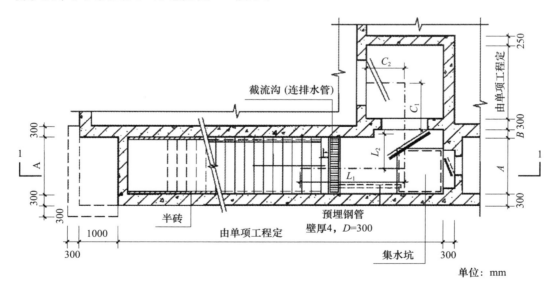

单位：mm

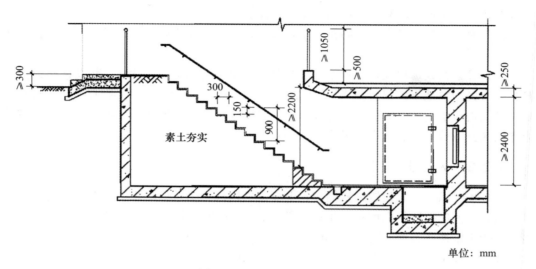

单位：mm

图 9-1　人员出入口示意图

9.2.3　逃生口

逃生口应平战结合，逃生口盖板优先采用防护密闭盖板。

当逃生口盖板未考虑防护密闭要求时，应在通道内设置一道防护密闭门，防护密闭门应向外开启，战时关闭。

9.2.4　通风口

城市综合管廊平时使用的进、排风口应分别设置一道防护密闭门（盖板）进行防护，防护密闭门（盖板）应向外开启，战时关闭。

9.2.5　吊装口

当城市综合管廊吊装口不经常使用时，宜采用防护密闭盖板水平封堵，在管线设备吊装到位后封闭。当城市综合管廊吊装口需要经常使用时，宜采用便于启闭的水平防护密闭封堵设施。

9.2.6　连通口

综合管廊与监控中心之间应设置连通口，在连通口的防护单元隔墙应设置双向受力的防护密闭门，防护密闭门的设计压力值应满足《人民防空地下室设计规范》（GB 50038—2005）第 3.3.18 条的要求。

9.3　管线防护

（1）地下综合管廊兼顾人防设计应对各类市政公用管线（给水、雨水、污水、再生水、热力、燃气、电力、通信等）穿越综合管廊顶板、底板及侧壁按设防要求采取防护措施。

（2）穿越防护密闭墙（板）的给水管、再生水管、压力排水等压力管道，应在防护密闭墙（板）的内侧设置防护阀门，并在穿越人防防护结构处设置刚性防水套管。

（3）穿越防护密闭墙（板）的各类电气缆线，穿线套管应选用管壁厚度不小于2.5mm的热镀锌钢管，进行防护密闭处理，可采用套管组件封堵。

9.4　兼顾人防结构设计

（1）结构设计应按国家现行的有关标准规范规定，满足平时荷载作用下承载能力极限状态的要求，进行结构计算。此外尚应按《人民防空地下室设计规范》（GB 50038—2005）和《城市综合管廊工程技术规范》（GB 50838—2015）的要求，验算结构构件在人防工况下，在常规武器爆炸或核武器爆炸动荷载与静荷载同时作用的承载能力，但不验算此工况下的结构变形、裂缝宽度、地基承载力。

（2）城市综合管廊工程结构按承受爆炸动荷载设计时，可均按一次作用考虑。

（3）城市综合管廊工程钢筋混凝土结构构件，不得采用冷轧带肋钢筋、冷拉钢筋等冷加工处理的钢筋。

（4）城市综合管廊工程结构在常规武器和核武器爆炸动荷载作用下，其动力分析均可采用等效静荷载法，等效静荷载可根据《人民防空地下室设计规范》（GB 50038—2005）第4.7、4.8节取值。

（5）城市综合管廊工程结构应分别按下列第①②款规定的荷载（效应）组合进行设计，并应取各自的最不利的效应组合作为设计依据，其中平时使用状态的荷载（效应）组合应按国家现行有关标准执行。

①平时使用状态的结构设计荷载。

②战时武器爆炸等效静荷载与静荷载同时作用。

③武器爆炸等效静荷载与静荷载同时作用下，结构各部位的荷载组合可按表9-1的规定确定。

表 9-1　等效静荷载与静荷载同时作用的荷载组合

部位	荷载组合
顶板	顶板武器爆炸等效静荷载，顶板静荷载（包括顶板自重、顶板土压力、顶板水压力、顶板地面堆载等）
外墙	顶板传来的武器爆炸等效静荷载、静荷载，外墙自重；武器爆炸产生的水平等效静荷载，土压力、水压力等
内承重墙	顶板传来的武器爆炸等效静荷载、静荷载，内承重墙（柱）自重；内承重墙（柱）侧壁管线荷载等

注：综合管廊按防核武器抗力6级、防常规武器抗力6级设防。

（6）城市综合管廊工程结构在确定等效静荷载和静荷载后，可按静力计算方法进行结构内力分析。对于超静定的钢筋混凝土结构，可按由非弹性变形产生的塑性内力重分布计算内力。结构构件的内力分析和截面设计可按《人民防空地下室设计规范》（GB 50038—2005）中第4.10节规定执行。

第10章 造价分析

10.1 项目案例造价综合指标分析

10.1.1 项目案例基本情况

本章节主要罗列了雄安新区市政管廊工程项目的基本情况（表10-1）。

表10-1 项目案例基本情况一览表

案例编号	管廊类型	舱室	净尺寸（m）	断面面积（m²）	挖深（m）	入廊管线	基坑形式
1	干线	五	(2.2+4.1+2.8+2.8+2.8)×3.6	53	13～18	220kV、110kV、10kV 电力电缆、通信电缆，再生水，输水，配水，中压天然气	分级放坡＋挂网锚喷
		四	(2.2+4.1+2.8+2.8)×3.6	43			
2	干线	五	(2.8+2.8+3.2+6.5+2.2)×3.6	63	7～13	110kV、10kV 电力电缆、通信电缆，再生水，输水，配水，中压和次高压天然气	分级放坡＋挂网锚喷
		四	(2.8+3.2+6.5+2.2)×3.6	53			
3	干线	五	(2.2+2.6+3.3+2.8+2.8)×3.2	43.8	13～18	220kV、110kV、10kV 电力电缆、通信电缆，再生水，输水，配水，中压和次高压天然气	分级放坡＋挂网锚喷
4	干线	四	(2.9+3.2+5+2.4)×3.8	51.3	8～13	110kV、10kV 电力电缆、通信电缆，配水，再生水，压力污水，输水，热力，中压和次高压天然气	分级放坡＋挂网锚喷（占比58%）；放坡＋钢板桩（占比9%）；灌注桩＋内支撑（占比33%）
			(2.9+3.2+3.9+2.4)×3.8	47.1			
5	干线	四	(2.9+3.2+4.1+2.4)×3.8	47.9	7～13	110kV、10kV 电力电缆、通信电缆，配水，再生水，输水，热力，中压和次高压天然气	分级放坡＋挂网锚喷（占比58%）；灌注桩＋内支撑（占比42%）
6	干线	三	(3.2+3.5+2.3)×3.8	34.2	10～14	110kV、10kV 电力电缆、通信电缆，输水，回水，中压和次高压天然气	分级放坡＋挂网锚喷，局部倒虹段采用灌注桩＋内支撑

120

续表

案例编号	管廊类型	舱室	净尺寸 (m)	断面面积 (m²)	挖深 (m)	入廊管线	基坑形式
7	支线	三	(2.6+4.1+2.4) ×3.6	32.8	11.5～14	10kV 电力电缆、通信电缆，配水，再生水，输水，热力，中压和次高压天然气	分级放坡＋挂网锚喷（占比22%）；放坡＋钢板桩（占比78%）
8	支线	单	3.6×3.4	12.2	6～10	10kV 电力电缆、通信电缆，配水，再生水	分级放坡＋挂网锚喷
9	缆线	单	1.65×1.9	3.14	2.6～3.4	10kV 电力电缆、通信电缆	放坡＋挂网锚喷
10	缆线	单	1.65×1.9	3.14	2.6～3.4	10kV 电力电缆、通信电缆	放坡＋挂网锚喷

10.1.2 综合指标说明

（1）综合管廊的结构主体一般包括标准段、吊装口、通风口、管线分支口、人员出入口、交叉口和端部井等。

（2）综合指标包括管廊本体，不含进入管廊的专业管线，其中管廊本体包括管廊的结构工程、基坑支护、供电照明（电气）、监控及报警（自控）、通风、消防、排水、标识等辅助设施，以及入廊电缆支架的相关费用，但不包括入廊管线、电（光）缆桥架以及给水、排水、热力、燃气管道支架。

（3）案例项目综合管廊均为明挖施工，主要为放坡＋挂网锚喷的基坑形式，且地基满足承载力要求，不需要做地基处理。若其他项目采用钻孔灌注桩等基坑支护形式，或地基需要加固，则对造价影响很大，需根据项目实际情况调整指标。

（4）综合指标适用于干线、支线及缆线管廊工程。

（5）综合指标的计量单位为 m。

10.1.3 项目案例造价综合指标

表 10-2 对应表 10-1 中的案例情况，主要罗列了综合管廊项目案例综合造价指标及各专业的造价指标，供其他类似工程参考。

表 10-2 项目案例造价指标一览表

案例编号	舱室	建安工程费综合指标 (元/m)	各专业建安工程费单位指标（元/m）及占比（%）							
			结构主体	基坑支护	附属设施					
					供电与照明	监控与报警	通风	消防	排水	标识
1	五	206780	110680＋23160（支架）	50540	10252	6372	613	5162		—
	四		64.7	24.4	5.0	3.1	0.3	2.5		

续表

案例编号	舱室	建安工程费综合指标（元/m）	各专业建安工程费单位指标（元/m）及占比（%）							
			结构主体	基坑支护	附属设施					
					供电与照明	监控与报警	通风	消防	排水	标识
2	五	251478	135538＋12214（支架）	75036	10880	15057	682	2072		—
	四		58.8	29.8	4.3	6.0	0.3	0.8		
3	五	210779	106385＋20496（支架）	54683	17286	6685	1422	3822		—
			60.2	25.9	8.2	3.2	0.7	1.8		
4	四	186227	110578	46522	11038	13759	1665	1553	960	150
			59.4	25.0	5.9	7.4	0.9	0.8	0.5	0.1
5	四	192183	117706	44226	11044	14630	1596	1596	1236	147
			61.2	23.0	5.7	7.6	0.8	0.8	0.6	0.1
6	三	185960	110695	43755	10874	15540	1569	2015	1385	123
			59.5	23.5	5.8	8.4	0.8	1.1	0.7	0.1
7	三	214012	139323	44173	10553	16301	1376	1340	809	132
			65.1	20.6	4.9	7.6	0.6	0.6	0.4	0.1
8	单	62691	38620＋1534（支架）	12261	4139	5021	134	919		63
			64.1	19.6	6.6	8.0	0.2	1.5		0.1
9	单	18309	—							
10	单	14655	—							

注：指标主要来源于各项目概算数据。

10.2 雄安新区造价指标

中国雄安集团综合管廊工程建筑安装费、工程建设其他费分别见表10-3、表10-4，供其他类似工程参考。

表10-3 中国雄安集团综合管廊工程建筑安装费

序号	费用名称	覆土厚度（m）	单位（元/m）	占比（%）	备注
一	一舱				
1	管廊	6～8	53380		断面5～8m²
1.1	基坑		23620	44.3	放坡＋网喷支护
1.2	结构		18790	35.2	
1.3	支架		3190	6.0	
1.4	机电		7770	14.6	
2	线缆管廊	0.3	11710		
2.1	基坑		4310	36.8	放坡
2.2	结构		6920	59.1	
2.3	支架		480	4.1	

续表

序号	费用名称	覆土厚度（m）	单位（元/m）	占比（%）	备注
二	两舱				
1	管廊	6～8	83850		断面1415m²
1.1	基坑		28940	34.5	放坡＋网喷支护
1.2	结构		32980	39.3	
1.3	支架		6380	7.6	
1.4	机电		15540	18.5	
2	管廊	2.5～10	134970		断面18～28m²
2.1	基坑		97160	72.0	围护桩＋钢支撑
2.2	结构		27670	20.5	
2.3	支架		720	0.5	
2.4	机电		9420	7.0	
三	三舱				
1	管廊	6～10	150500		断面20～30m²
1.1	基坑		32630	21.7	放坡＋网喷支护
1.2	结构		65070	43.2	
1.3	支架		5800	3.9	
1.4	机电		47000	31.2	
2	管廊	10	164400		断面27～28m²
2.1	基坑		105700	64.3	围护桩＋钢支撑
2.2	结构		36470	22.2	
2.3	支架		1570	1.0	
2.4	机电		20660	12.6	
四	四舱				
1	管廊	5～10	165190		断面40～48m²
1.1	基坑		47240	28.6	放坡 网喷支护
1.2	结构		80740	48.9	
1.3	支架		7990	4.8	
1.4	机电		29220	17.7	
2	管廊	10	196760		断面36～44m²
2.1	基坑		76870	39.1	围护桩＋钢支撑
2.2	结构		49830	25.3	
2.3	支架		4950	2.5	
2.4	机电		65110	33.1	
五	五舱				
1	管廊	5～10	256000		断面110～120m²
1.1	基坑		69120	27.0	灌注桩
1.2	结构		143360	56.0	
1.3	支架		2560	1.0	
1.4	机电		40960	16.0	

资料来源：《中国雄安集团综合管廊工程设计指南（试行）》。

表 10-4　中国雄安集团综合管廊工程工程建设其他费用

序号	费用名称	计算执行或参考相关文件	备注
一	工程建设其他费		
1	项目建设管理费	《关于印发〈基本建设项目建设成本管理规定〉的通知》	根据文件计取
2	工程建设监理费	《关于印发〈建设工程监理与相关服务收费管理规定〉的通知》	根据文件计取
3	可行性研究报告编制费	《关于印发建设项目前期工作咨询收费暂行规定的通知》	根据文件计取
4	工程勘察设计费	参考计价格《关于发布〈工程勘察设计收费管理规定〉的通知》计算，在此基础上打7折	已签订合同的项目可按合同规定计取
5	竣工图编制费	按设计费的8%计取	
6	施工图文件审查费	按勘察设计费的6.5%计取	
7	建设工程全过程造价咨询服务费	《关于印发〈河北省工程造价咨询服务收费管理暂行办法〉的通知》	根据文件计取
8	工程保险费		按建安费的0.3%计取
9	招标代理服务费	《关于印发〈招标代理服务收费管理暂行办法〉的通知》《关于降低部分建设项目收费标准规范收费行为等有关问题的通知》	根据文件计取
10	工程质量、材料检验试验费	河北省工程质量检测部门规定	按建安费的0.6%计取
11	数字化模型（BIM、CIM）	评审单位按设计费的10%审核	施工阶段BIM费用
12	深基坑监测费	主要指由业主委托的对专业工程进行的第三方安全监督、检测等，如基坑工程、特大桥梁等	应根据实际情况按合同或参考类似项目计取
13	规划验收测量费	《雄安新区工程建设项目"多测合一"工作办法（试行）》	
二	预备费	可按8%计取	
三	外电源费		

资源来源：《中国雄安集团综合管廊工程设计指南（试行）》。

10.3　住房城乡建设部造价指标

10.3.1　综合指标说明

（1）本部分内容引用自住房城乡建设部发布的《城市综合管廊工程投资估算指标（试行）》（ZYA1-12（10）—2015），综合指标是根据管廊断面面积、舱位数量，考虑合理的技术经济情况组合设置的（表10-5），分为17项。

表 10-5 综合指标分类

序号	1	2	3	4	5	6	7	8	9	10	11	12	13	14	15	16	17
断面面积（m²）	10～20	20～35		35～45			45～55			55～65		65～75		75～85		85～95	
舱数（个）	1	1	2	2	3	4	3	4	5	4	5	4	5	4	5	5	6

注：表中内容为住房城乡建设部发布的估算指标，当断面面积为交界值时，根据项目情况自行选取合适的舱数。

（2）综合指标反映不同断面、不同舱位管廊的综合投资指标，内容包括土方工程、钢筋混凝土工程、降水、围护结构和地基处理等，但未考虑湿陷性黄土区、地震设防、永久性冻土和地质情况十分复杂等地区的特殊要求，发生时应结合具体情况进行调整。

10.3.2 各类综合管廊造价综合指标

各类综合管廊造价综合指标见表 10-6。

表 10-6 各类综合管廊造价综合指标

序号	1	2	3	4	5	6
断面面积（m²）	10～20		20～35		35～45	
舱数（个）	1	1	2	2	3	4
指标基价（元/m）	51091～61133	61133～75557	61133～97815	97815～122121	97815～139953	97815～163742
序号	7	8	9	10	11	12
断面面积（m²）	45～55			55～65		65～75
舱数（个）	3	4	5	4	5	4
指标基价（元/m）	139953～162061	163742～172394	163742～188896	172394～218928	188896～245054	218928～236368
序号	13	14	15	16	17	
断面面积（m²）	65～75	75～85		85～95		
舱数（个）	5	4	5	5	6	
指标基价（元/m）	245054～260950	236368～300178	260950～325697	325697～331938	325697～360476	

注：表中内容为住建部发布的估算指标，当断面面积为交界值时，根据项目情况自行选取合适的舱数。

第 11 章　建筑信息模型（BIM）设计

11.1　BIM 技术标准

11.1.1　基本规定

建筑信息模型，Building Information Molding，BIM。

（1）综合管廊 BIM 应用宜覆盖工程项目策划与规划、勘察与设计、施工与监理、运行与维护、改造与拆除等全寿命周期。

（2）在设计过程中，应利用 BIM 所含信息进行协同工作，实现各专业工程设计各阶段信息的有效传递。

（3）雄安新区各阶段 BIM 深度要求及交付要求应符合《中国雄安集团建设项目BIM 技术标准》（Q/XAG/1000—2021）。

（4）BIM 成果应能与 CIM、GIS 等智慧化管理平台有效融合。

11.1.2　国家标准

（1）《建筑信息模型应用统一标准》（GB/T 51212—2016）。

（2）《建筑信息模型施工应用标准》（GB/T 51235—2017）。

（3）《建筑信息模型分类和编码标准》（GB/T 51269—2017）。

（4）《建筑工程设计信息模型制图标准》（JGJ/T 448—2018）。

（5）《建筑信息模型设计交付标准》（GB/T 51301—2018）。

（6）《制造工业工程设计信息模型应用标准》（GB/T 51362—2019）。

（7）《建筑信息模型存储标准》（GB/T51447—2021）。

11.1.3　雄安新区标准

《中国雄安集团建设项目 BIM 技术标准》（Q/XAG/1000—2021）是一套以统一建设项目 BIM 数据标准为基础，涵盖房建、市政、交通、园林、水利等多专业的 BIM 标准（图 11-1），统一了雄安集团所承担雄安新区项目的 BIM3、BIM4、BIM5 各阶段数据交付标准、交付物及交付形式等相关内容，明确了文件命名、编码颜色、信息细度、BIM 应用等具体要求，有效保障建设项目信息数据无缝接入 CIM 平台并更好赋能雄安新区数字城市建设及运营。

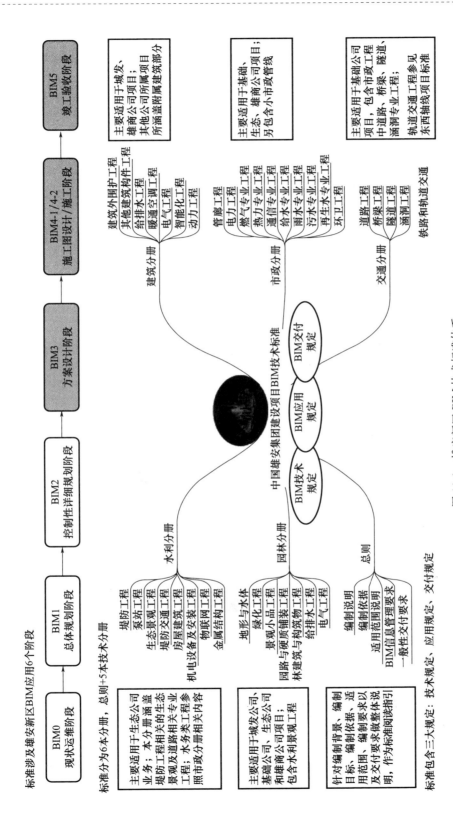

图 11-1　雄安新区 BIM 技术标准体系

11.2 BIM 软件

市政基础设施领域 BIM 核心建模软件主要有 Autodesk 系列、Bentley 系列、广联达系列。

（1）Autodesk 系列主要软件如下：

①Revit——建筑设计。

②Civil 3D——路桥设计。

③Navisworks——检测管网冲突并模拟施工顺序。

④InfraWorks——概念性道路可视化设计。

⑤Inventor——机械设计等。

（2）Bentley 系列主要软件如下（图 11-2）：

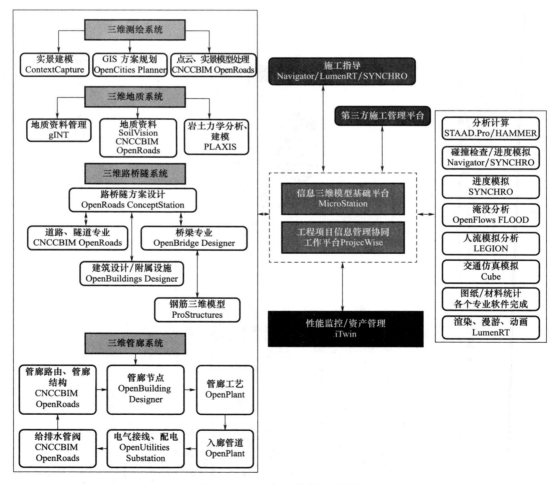

图 11-2　Bentley 系列主要软件

①OpenRoads ConceptStation——路桥方案设计。

②CNCCBIM OpenRoads——道路深化设计、管廊结构设计、地下管网设计、地质

建模。

③OpenBridge Designer——桥梁设计。

④ProStructures——钢结构和钢筋混凝土结构设计。

⑤gINT——钻孔数据管理与报告输出。

⑥OpenBuildings Designer——建筑设施、收费站、服务区、GC 参数化建模。

⑦OpenPlant——设备管道、管道支架、管道阀门。

⑧OpenVtilities Substation——变电所设计、电力电缆敷设。

⑨ContextCapture——实景建模。

⑩LumenRT——模型可视化。

⑪Navigator——项目查询、浏览、碰撞检查。

⑫ProjectWise——项目协同设计。

⑬AssetWise CONNECT（包含于 iTWin）——资产信息管理平台。

（3）广联达系列主要软件如下：

①BIM5D 软件——聚焦项目技术、生产、商务核心管理业务。

②协筑——工程项目协作平台。

③GTJ 软件——土建计量。

④GQI 软件——设备安装计量。

⑤MagiCAD 软件——机电 BIM 深化设计。

⑥BIMMAKE 软件——施工现场建模。

（4）辅助软件如下：

SketchUp、Lumion、3DMAX、Project、族库大师、鸿业、录屏软件。

11.3 设计阶段 BIM 应用

综合管廊设计阶段 BIM 应用宜按方案设计阶段、初步设计阶段和施工图设计阶段三阶段分步实施、逐步深化。

设计各阶段 BIM 应用内容宜符合表 11-1 的要求。

表 11-1 设计各阶段 BIM 应用内容

序号	应用项	应用子项	方案设计阶段	初设计阶段	施工图设计阶段
1	场地分析	场地及环境分析	●	○	—
2		地质分析	○	○	○
3		管线迁建分析	●	○	—
4	方案比选	—	●	●	○
5	辅助设计	性能分析	—	○	●
6		设计校核	—	○	●
7		管线综合	—	—	●
8		设计出图	—	○	●
9	工程量统计	—	—	○	●

注：表中"●"表示应用项，"○"表示宜应用项，"—"表示不宜应用项。

第 12 章　典型案例简介

12.1　EA1 路（海岳大街）综合管廊工程

12.1.1　项目概况

EA1 路综合管廊位于起步区最北侧，是起步区"三横六纵"干线综合管廊系统中的第一横。EA1 路综合管廊西起安大线北延道路（NA1 路），向东横穿起步区第一至第五组团，去除启动区范围内（第四组团）综合管廊后，综合管廊全长约 12.29km，入廊管线种类包括给水、再生水、燃气、电力、通信管线共 5 种专业管线（图 12-1）。

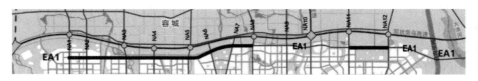

图 12-1　EA1 路综合管廊范围

该项目先期启动实施第三组团范围白洋淀大道—NA8 段综合管廊，长度约 3.04km；第五组团范围 NA11—NA12 段综合管廊，长度约 2.31km。共计 5.35km。

本项目建设内容仅包含 EA1 路综合管廊本体结构、各专业管线预埋预留设施及综合管廊附属设施（电气、仪表自控、通风消防、给排水等），不包含管廊内的各市政专业管线（如给水管道、再生水管道、电气电缆、电信电缆、能源管道等）建设及投资内容。

12.1.2　规划条件

该工程规划条件见表 12-1。

表 12-1　河北雄安新区管理委员会规划建设局建设项目规划条件

规划依据	《河北雄安新区总体规划（2018—2035 年）》 《河北雄安新区起步区控制性规划》 《河北雄安新区启动区控制性详细规划》 《河北雄安新区起步区（除启动区外）各组团控制性详细规划》阶段性成果
建设内容	EA1、EA2、EA4、NA1 市政道路工程初步规划设计条件（市政管线部分）

初步规划条件	EA1 路： 1. 道路竖向及场地竖向 EA1 路竖向标高在 9.5～10.6m（桥梁处路面标高 11.5～12m）场地（建设用地）竖向约 9.8～10.5m。 2. 给水工程 EA1 路规划敷设一根 DN500～DN1000 的输水干管，局部路段敷设 DN200 的配水支管，其中输水干管和配水支管均纳入综合管廊。 3. 再生水工程 EA1 路规划敷设一根 DN250～DN300 的再生水干管和一根 DN600 水系补水管，该路段再生水管和水系补水管均纳入综合管廊。 4. 污水工程 EA1 路局部路段规划敷设 DN400 的污水支管。 5. 雨水工程规划 EA1 路沿道路双侧布设雨水管渠，管渠就近排入周边水系，管渠断面采用圆管和方涵，断面尺寸为 DN600～$B×H$=1600mm×1200mm。 6. 电力工程规划 EA1 路敷设多回 110kV、220kV 和 10kV 电缆，均纳入综合管廊，110kV 和 220kV 电缆预留 2 回用于检修。 7. 通信工程规划 EA1 路敷设 36 孔主干通信管线，通信管线纳入综合管廊。 8. 供热工程 EA1 路沿线无供热互联互通管网。 沿道路敷设供热管线约 3km，管径 DN200～DN350。 9. 燃气工程 随路敷设一根 DN350 的中压主干燃气管道，燃气管道纳入综合管廊。 10. 综合管廊 EA1 道路敷设干线综合管廊，长度约 17.6km，综合管廊纳入给水、再生水、电力电缆、通信管道、燃气管道
备注	1. 本规划条件所涉及的坐标系为雄安新区城市坐标系（2000 国家大地坐标系参考椭球，以东经 116°作为中央子午线），高程基准为 1985 国家高程基准。 2. 上述条件参照《河北雄安新区启动区控制性详细规划》《河北雄安新区起步区（除启动区外）各组团控制性详细规划》阶段性成果出具。控详规批复或修改后，若初步规划条件与最终成果不一致，按最终控详规成果调整。 3. 在项目设计、施工等过程中，遇到古迹、遗迹等重点保护文物，请及时与文物保护主管部门沟通。 4. 项目设计及建设执行雄安新区规划建设标准体系及国家、河北省有关标准规范规定。

12.1.3 控制因素

1. 控制性用地

本工程范围周边规划用地性质主要是教育用地、科研用地、产业园，不涉及控制性用地。道路北侧邻近规划水系，为绿化用地，未来将会建设滨水景观区域，有充足的空间进行管廊建设。同时管廊能够结合景观设计，对区域影响降至最低。

2. 控制性建筑

本工程范围内涉及西牛村、午方北庄村、容城镇、马家庄村、南阳村、大先王村、小先王村，根据雄安新区建设要求，本工程范围内涉及的村镇建筑物，在本工程实施前，均予以拆迁。鉴于建设时序的考虑，本项目与现状容城 220kV 变电站位置冲突（图 12-2），根据与相关部门沟通，容城 220kV 变电站拟于 2025 年拆除，下一步需加强与电力部门对接，合理安排本项目和电力工程建设时序。

图 12-2　EA1 路容城 220kV 变电站现状

NA6 与 EA1 路相交西南处规划有 110kV 变电站，需与容城 3 号 220kV 衔接。故规划 NA6 北向干线管廊需充分考虑变电站衔接路由，同时本项目 EA1 路综合管廊也需进行舱室预留，避免后期有 220kV 电力管线衔接需求。

3. 相交河道

EA1 路共与 11 条水系交叉，其中龙王跑干渠、6 号水系、9 号水系、11 号水系为过水能力较大的南北向主干排水通道，通过桥梁连接；过水能力较小的水系酌情考虑以桥梁或涵洞的方式连接。综合管廊穿越规划水系及绿道需绕行，同时需局部下卧。

4. 规划轨道交通

根据轨道交通规划，规划有远景轨道交通与本项目 EA1 路综合管廊垂直相交。

管廊穿越地铁线位时，需为地铁盾构段预留下穿条件，尽量减少地铁盾构深度。管廊与地铁交叉段，综合管廊覆土厚度控制在 6m 左右，地铁覆土厚度为 14m 左右，满足地铁纵断线形及坡度要求。

5. 规划下穿隧道

工程范围内 NA5—NA7 段为下穿隧道范围，与管廊同路由，管廊设计需充分考虑与隧道之间的关系，确保后期规划隧道对管廊影响最小。

6. 现状管线

（1）高压线。

EA1 路沿线有若干条高压线路，本工程实施前，需对高压线进行迁改（图 12-3）。

（2）南水北调安新管线。

项目与南水北调安新管线交叉。南水北调配套工程安新输水管道从天津干渠郎五庄取水，至安新水厂，管道长 19.146km，输水方式为有压流，单排管。安新输水管道在容城县城西污水处理厂处，管道呈南北走向，管径为 DN700，管材为球墨铸铁管。设计流量 0.29m³/s，工作压力 0.25MPa。交叉位置，管线覆土厚度约 1.5m。该工程实施前，需对南水北调安新管线进行迁改。

图 12-3　EA1 路高压线路现状

（3）国防光缆。

项目与现状国防光缆交叉。国防光缆隶属于中国人民解放军某部队，光缆覆土厚度约 1.0m。该光缆已是部队备用光缆，但光缆路由需要保留，根据项目总体安排，管线迁改费用列入预备费，施工期间由施工单位与该部队对接，确定迁改方案。

（4）石油管线。

项目起点位置 NA1 路（安大线北延段）与保定段成品油管线交叉。交叉位置距离管廊交叉口较近，应做好石油管道的保护工作，避免管廊施工对其造成影响。

7. 历史文物

南阳遗址位于容城县晾马台镇南阳村。遗址区四周均有古河道，即"南河""北河""东河""西河"，现均已干涸。遗址占地 420000m²，略呈长方形，南北长 700m，东西宽 600m，在遗址区内北面有一台地，为重点保护区，台地东西长 136～187m，南北长 190m，面积约 34200m²，北面高出地面 2～3m，南侧高出地表 0.5m，东西两侧高出地面 0.5～2m。

南阳遗址属春秋战国时期遗址，2006 年被国务院公布为全国重点文物保护单位。目前遗址保存较完整。根据现场调查，本项目道路东段在第五组团穿越南阳遗址，影响 EA1 路东段的实施，需加强与规划单位的对接，明确 EA1 路东段改线的可行性，以及如何处理 EA1 路东段与南阳遗址的关系。

8. 启动区综合管廊

启动区综合管廊包含 EA1、EA2、NA8、NA10、NA11 五条管廊，截至 2020 年 8 月已经完成了设计工作，即将实施。其中启动区 EA1 路布置干线综合管廊，总长度约 5.27km。与该次设计 EA1 路管廊紧密衔接，需做好对接工作，避免后期衔接存在问题。

9. EA1 路相交管廊

与本次 EA1 管廊设计范围内相交的有 NA1、NA3、NA5、NA6、NA12 五条干线管廊，NA2、NA4、NA4 东、NA7 东四条支线管廊。未给出相交管廊断面及管线规模，需尽快收集相关资料并确定好相交管廊断面。避免管廊之间衔接后期存在较大问题。

12.1.4 总体设计

1. 入廊管线

入廊管线包括给水、再生水、220kV /110kV/10kV 电力电缆、通信线缆；高压电力独立成舱。

2. 断面尺寸规定

（1）综合管廊标准断面内部净高应根据容纳管线的种类、规格、数量、安装要求等综合确定，不宜小于 2.4m。

（2）综合管廊标准断面内部净宽应根据容纳的管线种类、数量、运输、安装、运行、维护等要求综合确定。

（3）综合管廊通道净宽，应满足管道、配件及设备运输的要求，并应符合下列规定：

①综合管廊内两侧设置支架或管道时，检修通道净宽不宜小于 1.0m；单侧设置支架或管道时，检修通道净宽不宜小于 0.9m。

②配备检修车的综合管廊检修通道宽度不宜小于 2.2m。

（4）电力电缆支架长度，10kV 支架长度大于等于 600mm，110kV 支架长度大于等于 650mm，220kV 支架长度大于等于 750mm。

高压电缆支架层间距离不小于 400mm；高压电缆支架与 10kV 电缆支架层间距离不小于 350mm；10kV 电缆支架层间距离不小于 250mm。高压电缆（110kV 及 220kV）支架距管廊顶板 450mm；10kV 电缆支架与管廊顶板之间距离不小于 350mm。

（5）通信线缆支架长度大于等于 500mm。通信线缆支架层间距离不小于 250mm，通信线缆支架与管廊顶板之间距离不小于 350mm。

（6）通信线缆支架长度大于等于 500mm。通信线缆支架层间距离不小于 250mm，通信线缆支架与管廊顶板之间距离不小于 350mm。

（7）综合管廊的管道安装净距不宜小于《城市综合管廊工程技术规范》（GB 50838—2015）中表 5.3.6 的规定。

（8）管廊内应预留管道排气阀、补偿器、阀门等附件安装、运行、维护作业所需要的空间。

3. 断面设计

根据入廊管线种类及规格，同时避免各类管线干扰情况，EA1 路综合管廊先期启动实施段断面情况如下：

（1）白洋淀大道—NA6 路段综合管廊等级为干线，采用三舱断面方案（图 12-4）：综合舱＋电力舱 1＋电力舱 2，净尺寸（$B \times L$）为 9.8m×3.6m；

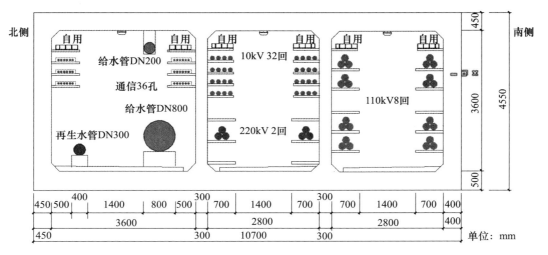

图 12-4　白洋淀大道—NA6 路段综合管廊标准断面图

（2）NA6—NA8 段综合管廊等级为干线，采用双舱断面方案（图 12-5）：综合舱＋电力舱，净尺寸（$B \times L$）为 6.7m×3.6m；

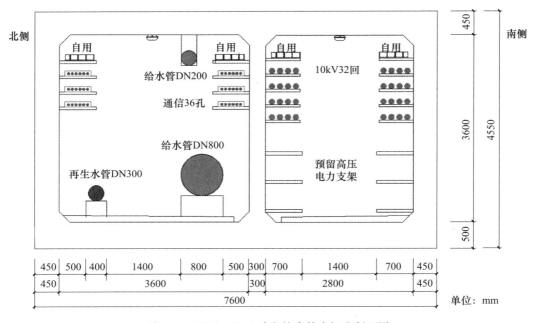

图 12-5　NA6—NA8 路段综合管廊标准断面图

（3）NA11—NA12 段综合管廊等级为干线，采用两舱断面方案（图 12-6）：综合舱＋电力舱 1＋电力舱 2，净尺寸（$B \times L$）为 9.6m×3.6m。

4. 平面设计

管廊结合绿化带设置，便于综合管廊投料口、通风口、出入口等出地面设施的布置，不影响交通，并可结合道路景观设置，景观性好。其中，在道路中央绿化带宽度足够的情况下，综合管廊优先设置于道路中央绿化带，其次为路侧绿化带。

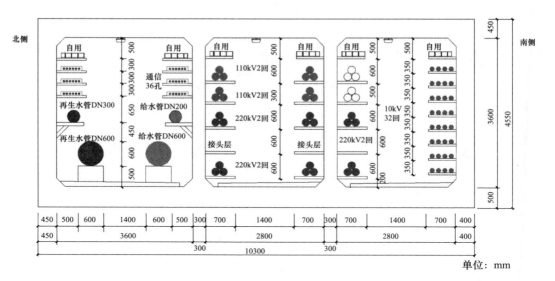

图 12-6　NA11—NA12 路段综合管廊标准断面图

第三组团段：北侧为绿地及水系。同时 EA1 路此段为隧道段。第三组团主要突出历史文化生态，传承中华传统营城理念，沿城市南北中轴线布置大型公共文化服务设施，融合南河干渠、大溵古淀等蓝绿空间，构建方城规整、两轴交会的第三组团。此段 EA1 路以隧道为主，管廊为三舱/两舱断面。若考虑管廊与隧道合建，因隧道宽度与管廊宽度相差较大，扩大管廊将增大投资。同时隧道埋深过深，管廊随隧道敷设，亦会造成管廊埋深过深，增大投资。故此段考虑管廊避开隧道，布置于隧道北侧绿化带中。

第五组团段：南阳遗址位于道路红线范围内。第五组团主要依托启动区建设，发挥邻淀优势，保护和利用南阳遗址历史文化资源，汇集国际创新要素，布局"金融岛"，营造滨水景观，培育文化艺术氛围，承担现代金融、国际交往和创新功能，打造传承历史、开放创新、景色秀美的起步区活力门户。此段主要问题为历史文化资源的保护，考虑综合管廊建设开挖过深，综合管廊进行开挖及支护时均会对地下空间造成破坏，故此段道路与南阳遗址冲突段，管廊外移至道路北侧规划水系外建设。

5. 纵断设计

第三组团段：此段北侧主要为滨水绿化带，南侧为开发用地，为一般支线管廊及主线管廊相交位置起点，故从经济角度考虑，覆土厚度按 5～6m 考虑。

第五组团段：此段与启动区衔接，衔接段覆土厚度按 10m 左右考虑，南阳遗址至终点段覆土厚度按 5～6m 考虑。

6. 附属构筑物设计

本工程主要包括通风口、吊装口、逃生口、管线分支口、变电所、管廊交叉口及人员出入口等附属构筑物，以上节点尽量采用合建的方式进行布置。

两个通风吊装节点之间距离按小于 400m 控制。

为了方便管理、检修人员出入，本工程 3km 左右设置一处人员出入口。人员出入口凸出地面部分进行建筑设计，使其与周围环境协调。

为减少管线多次出线穿越道路，本次设计考虑集中在路口位置采用支线管廊形式进行管廊出线，分为东侧支线管廊及西侧支线管廊。

12.1.5 结构设计

1. 技术标准

（1）结构安全等级：一级。

（2）设计使用年限：100 年。

（3）结构重要性系数：1.1。

（4）抗震设防标准：拟建场区抗震设防烈度为 8 度，对应的设计基本地震加速度值为 0.20g；根据《河北雄安新区规划纲要》，对于需要按"生命线工程"考虑的分项工程（如综合管廊等），抗震设防烈度为 8 度半，设计基本地震加速度值为 0.30g。场地设计地震分组为第二组，建筑场地类别为 III 类，地基土类型为中软土，地震设计特征周期为 0.55s。综合管廊按乙类建筑物进行抗震设计，抗震等级二级。

（5）人防等级：甲类六级。

（6）防水等级，二级；结构混凝土抗渗等级，当埋深 $H < 10m$，P6；当 $10 \leqslant H < 20m$，P8。

（7）钢筋混凝土结构的裂缝控制等级三级，最大裂缝宽度限值 0.20mm。

（8）环境类别：管廊外侧二 b 类，内侧二 a 类。

（9）混凝土保护层厚度：地下结构迎土面 50mm，内侧面 40mm。

（10）标准冻深：0.6m；

（11）地基基础设计等级：乙级。

2. 主体结构形式

本工程作业场地较宽敞，红线范围内居民房屋及构筑物拆除后具备明挖施工的条件，所以管廊的大部分节点、下卧段、交叉口断面变化较多的地方推荐采用现浇的施工工艺。主体结构形式比选见表 12-2。

表 12-2 主体结构形式比选表

对比项目	大节段预制工艺	分块式预制拼装工艺	叠合板预制拼装工艺	现浇施工
结构主体工法	整节段预制，通过纵向预应力筋或螺栓连接	预制构件，现场拼装，拼装时采用套管灌浆或螺栓连接	叠合板构件，现场拼装，拼装采用现浇工艺	现场支模浇筑
结构装配率	装配率高，施工速度快，工期短	装配率较高，施工速度较快	装配率较高，施工速度较快	无
结构吊装及运输	结构自身质量大，吊装及运输需采用专业设备，设备费用高	结构拆解为构件，构件质量小，可采用常用运输及吊装设备	结构拆解为构件，构件质量小，可采用常用运输及吊装设备	常规吊装与运输工具
断面灵活性	大节段预制断面灵活性较低，非标准段需要专门模具	预制拼装截面尺寸较为灵活，可以适用部分非标准段	叠合板拼装截面尺寸灵活，方便管廊节点预制	现浇断面变化灵活

对比项目	大节段预制工艺	分块式预制拼装工艺	叠合板预制拼装工艺	现浇施工
防水及整体性效果	大节段接缝较少，结构防水及整体性较高	结构接缝多，结构防水及整体性一般	结构接缝多，结构防水及整体性一般	现浇管廊节段长，防水接头少，整体防水效果好
工期比较	拼装工序少，施工速度快	分块拼装构件，工序多，施工速度较快	现场构件拼装流程较多，施工速度一般	需要现场浇筑，施工速度慢
经济比较	需要修建预制工厂和使用特殊设备，造价较高	需要修建预制工厂，造价较高	需要修建预制工厂，造价较高	造价较低
现场组织	只有干作业，施工流程简明，组织程度高	大部分干作业，少部分湿作业，施工组织度一般	干湿作业混合，施工组织难度较大	湿作业为主，组织模式成熟

12.1.6 基坑支护设计

1. 基坑设计方案

通过比选，结合当地经验及地质条件，推荐综合管廊周边条件开阔时，采用放坡开挖。开挖深度较大局部受限时，可采用放坡＋钢板桩支护开挖。综合管廊放坡开挖受限，与其他建（构）筑物距离近或共槽时，推荐采用灌注桩＋内支撑支护方式。基坑支护比选见表 12-3。

表 12-3 基坑支护比选表

比较内容	放坡	土钉墙	钢板桩	钻孔灌注桩	地下连续墙
对地层的适应性	适用于该工程土层	适用于该工程土层	适用于该工程地层	适用于该工程土层	适用于该工程土层
围护效果	—	刚度小，变形大	刚度小，变形大	刚度大，变形较小	刚度大，变形小
对邻近建筑管线影响	影响大	影响大	影响较小	影响小	影响小
对地下空间的占用	占用空间大	占用空间大	占用空间小	占用空间小	占用空间小
施工对环境的影响	对环境影响较小	对环境影响较小	施工时振动大，噪声较大	施工时振动小，噪声低，因产生施工泥浆，对环境造成一定影响	施工时振动小，噪声低，因产生施工泥浆，对环境造成一定影响
对机具设备要求	设备简单	设备简单	设备较简单，打桩机	需要中型钻机	需要大型挖槽机
施工周期	施工工艺成熟、施工速度快	施工工艺成熟、施工速度较快	土层中施工速度快	施工工艺成熟、施工速度快	施工工艺成熟、在土层中施工速度较快
综合造价	低	低	较低	较高	高
比选结论	推荐（有条件，采用）	不推荐	推荐（结合放坡使用）	推荐（适用支护深度大）	不推荐

　　基坑标准段采用大放坡方案，坡面一般采用网喷混凝土边坡防护。放坡坡面防护方式比选见表12-4。

表 12-4　放坡坡面防护方式比选表

支护形式 比对项目		网喷混凝土边坡防护	绿色装配式边坡防护	临时覆盖类防护
技术特征	结构组成	土钉＋钢筋网＋喷射混凝土面层	土钉＋装配式面层（含加筋）＋连接构件（钢丝绳）＋紧固构件	彩条布或土工布等直接覆盖层
	适用条件	适用于基坑开挖深度较深，基坑实际使用周期较长的情况	适用于基坑开挖深度较深，基坑实际使用周期较长的情况	适用于基坑开挖深度较浅，基坑实际使用周期较短的情况（如埋深较浅的管道基坑等）
	技术水平	规范构造要求，技术成熟，现浇施工作业完成	新技术产品，实现面层构造多样性，可实现装配化施工，绿色环保	无分担土压力作用，仅可防止雨水冲刷或产生扬尘
防护效果		防护效果明显；但受制于施工单位水平，容易出现喷射厚度不均匀等质量问题，面层的防护效果与施工水平直接相关	防护效果明显；面层构件可实现预制加工、装配式施工；标准统一，质量有保证，容易检测及更换	防护效果差，仅用于短期浅基坑防护
施工方案	施工效率	工艺复杂，需现场加工制作，消耗人工多，施工效率最低	装配化施工，工艺较简单，施工效率高	工艺简单，施工效率最高
	施工对环境的影响	施工过程产生尘土、噪声等，对环境影响最大	对大气无污染，无噪声，可拆除，环境影响甚微	对环境影响较小
	对机具设备要求	需要专用喷浆机具、编网焊接设备等	主要为人工配备简单手动电动机具	主要为人工配备简单手动电动机具
	施工周期	边坡施工周期最长	边坡施工周期较短	边坡施工周期最短
节能环保	是否可回收	不可以	可以	可以
综合造价		最高（130～150元/m²）	较高（110～130元/m²）	最低（10～20元/m²）
结论		推荐	不推荐	不推荐

2. 基坑回填

　　综合管廊与道路同步施工，存在开挖回填工程界面划分问题。本项目界面划分如图12-7所示。

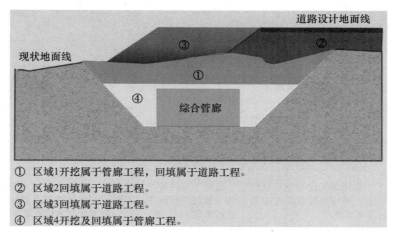

① 区域1开挖属于管廊工程，回填属于道路工程。
② 区域2回填属于道路工程。
③ 区域3回填属于道路工程。
④ 区域4开挖及回填属于管廊工程。

图 12-7 综合管廊及道路开挖和回填工程界面划分示意图

12.1.7 附属设施设计

1. 消防系统

（1）综合管廊所有舱室沿线、通风口、逃生口、吊装口、设备间、控制中心通道设置手提式磷酸铵盐干粉灭火器，并在通风口、逃生口、吊装口、设备间、控制中心通道等节点处适当加密设置灭火器。灭火器的配置和数量按《建筑灭火器配置设计规范》（GB 50140—2005）的要求计算确定。

（2）根据《城市综合管廊工程技术规范》（GB 50838—2015），干线综合管廊中容纳电力电缆的舱室，支线综合管廊中容纳 6 根及以上电力电缆的舱室应设置自动灭火系统。该次设计在容纳电力电缆的综合舱设置自动灭火系统，采用悬挂式超细干粉灭火装置，全淹没布置。

2. 排水系统

（1）综合管廊内设置排水沟和集水坑，主要考虑收集结构渗漏水〔（结构渗漏水按 $2L/（m^2 \cdot d）$ 计算，最大渗水量为 $2.95m^3/d=0.034L/s$）〕、管道泄漏、管道维修时的放空和事故排放水等。给水管道放空时间按 6h 计，放空管道长度根据管廊纵坡计算。

（2）在综合管廊内一侧设置排水沟，排水沟尺寸为 $300mm（B）\times100mm（H）$，排水沟纵向坡度随综合管廊纵坡坡度（最小纵坡坡度为 0.2%，排水沟最小流速为 0.385m/s，最小排水能力为 12L/s，满足最大渗水量要求），综合管廊内横坡坡度为 2%。

3. 通风系统

（1）本项目电力舱、综合舱均采用机械进风、机械排风的纵向通风方式，管廊的防火区间约为 200m，通风分区长度按 400m 划分。

（2）电力舱的正常风量按照 2 次/h 换气计算，事故通风按照 6 次/h 换气计算；并与按照电缆发热量计算所得的通风量进行比较，取大值。综合舱（不含电力电缆）正常通风量按照 2 次/h 换气计算，不考虑事故通风。

通风系统原理如图 12-8 所示。

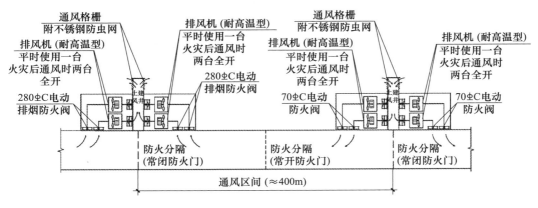

图 12-8　通风系统原理图

4. 监控与报警系统

本工程监控与报警系统由环境与附属设备监控系统、安防系统、通信系统、火灾报警系统、可燃气体探测报警系统、智能机器人巡检系统等组成（图 12-9）。

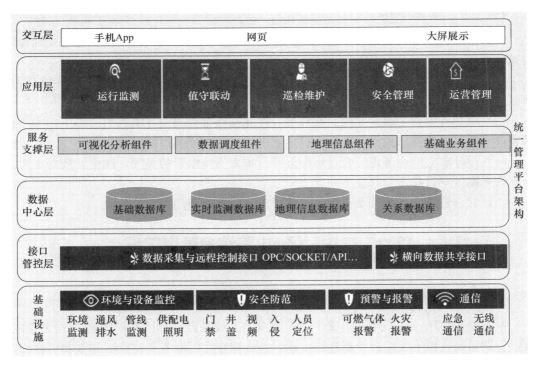

图 12-9　统一管理平台架构图

5. 供电与照明系统

（1）以 10kV 外线电源的进线在控制中心 10kV 配电间电缆头为界，控制中心、综合管廊自用负荷一侧的供配电系统设计为本次设计范围。主要设计内容为综合管廊供配电系统、照明系统、电气控制系统和接地系统的设计。

（2）由控制中心引来 2 路 10kV 电源，2 路 10kV 电源分别引自控制中心变配电站

10kV 不同母线段。

（3）管廊内设置地下分变电所，内置干式变压器、低压配电柜等；每个分变电站供电半径原则上不超过 800m，对于特殊远离变电所的区段，适当增大配电电缆的截面，使得末端电压不低于标称电压的 95％。

（4）分变电所由控制中心提供 2 路 10kV 电源供电，计量方式暂按高压计量（具体以供电部门要求为准）电源运行方式为两常用。每个分变电所设置 2 台 250kVA 变压器，10kV 高压环网柜设变压器出线和环网出线，低压系统均为单母线分段接线，带母联开关，当其中一段母线故障时，另外一段母线可承担全部二级负荷。

6. 标识系统

综合管廊的主出入口内应设置综合管廊介绍牌，并应标明综合管廊建设时间、规模、容纳管线。综合管廊的设备旁边应设置设备铭牌，并应标明设备的名称、基本数据、使用方式及紧急联系电话。综合管廊内应设置"禁烟""注意碰头""注意脚下""禁止触摸""防坠落"等警示、警告标识。综合管廊内部应设置里程标识，交叉口处应设置方向标识。

12.1.8 注意事项

（1）本项目综合管廊布置于道路北侧绿地内，不在道路红线范围内，需与规划部门沟通确认。

（2）位于路口的管线分支管廊应考虑道路交叉口横坡的影响，避免出地面井口超出地面的情况。

（3）综合管廊位于道路北侧北部林带，在北部林带尚未设计实施的前提下，本项目吊装口、通风口等露出地面口部无法确定高度，应适当提高口部高度。

（4）设计前应综合考虑综合管廊附近并行重力流排水管的高度，避免管线分支口及分支管廊高度穿过排水管时发生冲突。

（5）综合管廊内支吊架及预埋件等应征求管线权属部门的意见。

12.2 雄东片区 N1 路综合管廊工程

12.2.1 项目概况

根据雄东片区控规，规划形成"两横两纵"干线综合管廊体系，构建"干线-支线"两级管廊系统，以干线综合管廊连通组团，支线综合管廊服务于功能区和重要街区。本次实施管廊为雄东片区 B 社区内的干线管廊。

其中（E24—E4 段）管廊为三舱综合管廊，管廊净尺寸（$B \times L$）为 12.6m×3.6m，管廊长度约 1.59km；其中（E4—E5 段）管廊为三舱综合管廊，管廊净尺寸（$B \times L$）为 12.4m×3.6mm，管廊长度约 0.89km；其中（E5—E12 段）管廊为四舱综合管廊，管廊净尺寸（$B \times L$）为 15.5m×3.6mm，管廊长度约 0.61km；（E12—E6 段）管廊为四舱综合管廊，管廊净尺寸（$B \times L$）为 12.5m×3.6mm，管廊长度约 0.33km；总长约 3.42km。

本次设计 N1 路综合管廊总长共计约 3.42km，其中 E3、E4、E10 路口土建部分不属于本次实施范围，实施综合管廊土建部分长度共计 3.16km。

入廊管线为 10kV/110kV/220kV 电力、通信、给水、再生水及热力 5 类管线（图 12-10）。

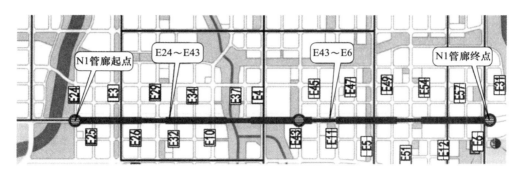

图 12-10　N1 路综合管廊范围

本项目建设内容仅包含综合管廊本体结构、各专业管线预埋预留设施及综合管廊附属设施（电气、仪表自控、通风消防、给排水等），包含管廊内给水及再生水管道及附件，不包含管廊内其他市政管线（如电气电缆、电信电缆、能源管道等）建设及投资内容。

12.2.2　规划条件

该工程规划条件见表 12-5。

表 12-5　河北雄安新区建设项目规划条件

	实施要求	
1	项目名称	雄东片区 N1 路综合管廊工程
2	主要依据	《中共中央、国务院关于对〈河北雄安新区规划纲要〉的批复》 《关于支持河北雄安新区全面深化改革和扩大开放的指导意见》 《河北雄安新区规划纲要》 《河北雄安新区总体规划（2018—2035 年）》 《河北雄安新区雄东片区控制性详细规划》 《雄安新区规划技术指南》 国家有关法律法规、标准规范、政策文件和雄安新区相关技术规范、政策文件
3	所属道路编号	N1
4	所属道路总数（条）	1
5	覆土厚度（m）	综合管廊覆土厚度控制在 3～10m，浅埋沟道缆线综合管廊主线段应采用暗盖板方式，上方覆土厚度不宜小于 0.3m，缆线综合管廊埋地组合排管段管覆土厚度应能满足上方垂直交叉管穿越、地面荷载等需求，且不应小于 0.7m
6	入廊管线类别	电力电缆、通信管道、给水管道、再生水管、热力管道
7	道路编号	入廊管线类别
	N1（E24—E6）	电力电缆、通信管道、给水管道、再生水管、热力管道
	N1（E6—E7）	电力电缆、通信管道

续表

实施要求	
备注	1. 按照统筹规划、统筹设计、统筹建设的原则，本次方案设计需结合地区整体规划实施和周边建设衔接的要求，根据需要适当扩大项目设计和建设衔接的范围。 2. 本规划条件所涉及的坐标系为雄安新区城市坐标系（2000 国家大地坐标系参考椭球，以东经 116°作为中央子午线），高程基准为 1985 国家高程基准。 3. 创新项目设计方法、管理模式和制度，严格按照 BIM 管理平台的统一标准、全生命周期管理要求实行，落实规划师、建筑师等设计师单位负责制有关要求。 4. 项目方案设计按照批准的控详规划落实执行，加强与正在编制的相关区域控详规划及相关工程设计和建设的衔接。严格落实国家有关法律法规、标准规范、政策文件和雄安新区相关技术规范、政策文件，依法合规推进有关工程建设。 5. 综合管廊及缆线管廊断面在后期工程设计时，可根据各类专业专项及实际设计情况等工程设计条件的变化进行校核调整。综合管廊覆土厚度控制在 3~10m，浅埋沟道缆线综合管廊主线段应采用暗盖板方式，上方覆土厚度不宜小于 0.3m，缆线综合管廊埋地组合排管管覆土厚度应能满足上方垂直交叉管线穿越、地面荷载等需求，且不应小于 0.7m，在后期设计阶段，可根据雨水和污水管道、轨道交通、其他地下空间利用设施等工程条件进行技术经济综合论证，合理确定综合管廊及缆线管廊埋深。综合管廊及缆线管廊长度可结合后续深化设计适当优化。综合管廊及缆线管廊出线分支需结合实际市政接口需求在深化设计阶段优化考虑。缆线管廊与其他市政管线碰撞时，可适当考虑采用其他敷设形式。 6. 建议结合片区开发时序分期建设

综合管廊要素底板

	类型	指标名称	属性	管控值域		
1	设计属性	所属道路编号	刚性	N1（E24—E6）		
		抗震设防烈度	刚性	8 度（0.3g）		
2	位置指标	位置	刚性	【参见图则】		
		管廊有无	刚性	【参见图则】		
3	空间占位	定测线	审查性	—		
		覆土厚度	审查性	区间	3~10	m
4	空间布局	长度	引导性	—	约 3336	m
		入廊管线类别	审查性	电力、通信、给水、再生水、热力		

12.2.3 控制因素

1. 控制性用地

本项目控制性用地为规划用地，沿线以住宅用地、基础教育用地、商业产业复合公共管理用地为主，外围有部分体育、医疗卫生等用地布局。综合管廊建设不能突破道路规划红线。

综合管廊管线分支口涉及相交路口及地块。路口根据规划管线情况预留，地块根据地块设计同步对接预留接入管线。

2. 控制性建筑

项目范围内主要为村庄建设用地和农林用地，N1 路沿线分布有小步村及崔村等行政村，部分村庄民房尚未拆迁，根据雄安新区建设要求，本工程范围内涉及的村镇建筑物，在本工程实施前，均予以拆迁。

3. 相交河道

根据《雄东片区控制性详细规划》，依托马庄干渠，贯通形成雄东片区西北与东南的主要水系，规划河道蓝线宽100～200m。中部营造开阔水面，水域面积约为9公顷。规划多条人工水系连通南部大清河、北侧涞河与雄县县城，规划河道蓝线宽15～50m。N1路跨越规划人工河道，根据控规条件，河道上口最大宽度约为15m。

根据雄东规划，N1路上跨马庄干渠支线，需新建跨河桥1座。根据建设计划安排，综合管廊建设先于桥梁建设，为了不影响后期桥梁施工，综合管廊从道路红线外侧绿地绕行，管廊顶距离河底1m（图12-11）。

图12-11 综合管廊外绕示意图

4. 规划轨道交通

根据现况调查，现况雄东片区无轨道交通及相关设施。

根据《河北雄安新区雄东片区控制性详细规划》，雄东片区规划"一快两普"3条轨道交通线路，设置7个站点。R1线为贯穿新区的轨道交通快线，连接保定东站、起步区、雄安高铁站、北京大兴国际机场、北京市区，在雄东片区分为主线和支线，主线在片区外围通过不设站，支线在片区内部设置1站。M1线为贯穿新区的轨道交通普线，连接起步区、雄县县城、雄安高铁站，该线路在雄东片区设置4站。D1线为远期淀东地区环线，连接昝岗组团等，在雄东片区设置4站，可与R1线、M1线换乘。按互联互通、便捷换乘的原则规划轨道换乘站，雄东片区设换乘站2处，分别在片区北侧实现R1线与D1线换乘，东侧实现M1线与D1线换乘。

N1路（一标段）与轨道交通R1线相交、N1路（二标段）与轨道交通M1线相交。管廊穿越地铁线位时，需为地铁盾构段预留下穿条件，尽量减少地铁盾构深度。

雄东片区B社区公共交通系统规划如图12-12所示。

5. 现状管线

根据现况调查，雄东片区N1路本次设计范围场地内分布有现状电力线，如10kV小步村515线主干、110kV雄龙Ⅱ线、小步村8号公用低压、10kV小步村515线小步村3号公用分支、S043沿线10kV电力线、10kV崔村公用低压等。其中N1路（一标段）道路红线范围内存在一座110kV雄龙Ⅱ线高压铁塔，需考虑拆除。

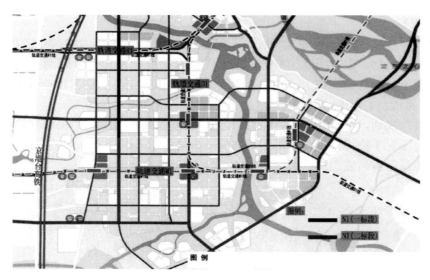

图 12-12　雄东片区 B 社区公共交通系统规划图

管线迁改由道路工程统筹考虑，管线迁改完成后进行综合管廊建设。

6. N1 路相交综合管廊

N1 路综合管廊与 B 社区中 E3、E4 综合管廊相交，此外 E10 路口属于 E10 路设计范围，这些交叉口土建均不属于本项目，需做好对接工作。

7. N1 路北延伸段管廊

本项目 N1 路综合管廊再往北穿过马庄干渠，与 A 社区 N1 路综合管廊衔接，A 社区综合管廊已在施工，需做好对接工作。

12.2.4　总体设计

1. 入廊管线

入廊管线包括给水、再生水、220kV /110kV/10kV 电力电缆、通信线缆及热力管线。

2. 断面设置

本项目对燃气、热力是否入廊经过反复论证（表 12-6），最终确定燃气管道不入廊，能源站之间互联互通的热力主干管入廊，且尽量纳入综合舱。

表 12-6　燃气热力入廊分析表

对比内容	直埋敷设	管廊敷设
技术性	技术成熟，一般布置于人行道，检修较为方便，不破坏行车道，接户更为灵活	技术较为成熟，方便检修，接户位置较为固定，不便调整
安全性	安全系数较高，利用土体无须补偿设施	安全系数高，为保障舱室安全需设置补偿设施
经济性	经济效益良好。 热力管道：350 万元/km 燃气管道：150 万元/km	一次性投资高，为保障相关管道安全需设置各类支柱、吊架及环境监控系统。 热力舱：3500 万元/km 燃气舱：3000 万元/km

续表

对比内容	直埋敷设	管廊敷设
后期运营（燃气）	燃气直埋成本低，安全性高，检修频率低	燃气入廊运营成本高，风险高，后期监控检修维护费用高，人员需进行专业培训及高度安全保障

除此之外，还对 110kV 及以上高压电力电缆规模进行优化，最后确定断面如图 12-13 所示。

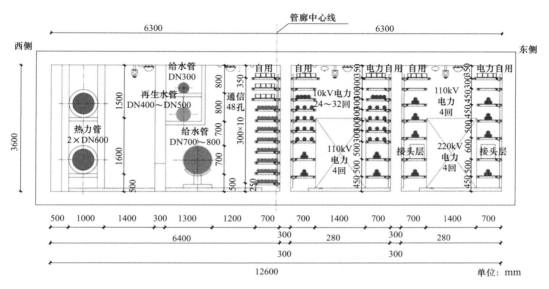

图 12-13　N1 路综合管廊标准断面图

3. 平面设计

N1 路综合管廊较大，同时周边均为建设用地，将其布置于东侧机动车道下方，与雄东 B 社区其余南北向管廊一致，利用东侧绿化带进行出地面节点设置（通风口、逃生口等）。N1 路综合管廊道路位置如图 12-14 所示。

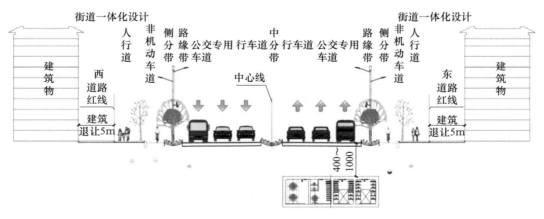

图 12-14　N1 路综合管廊道路位置图

4. 纵断设计

根据规划相关资料，雨水、污水管道一般埋深为3～4m，考虑N1路综合管廊管线分支管廊需横穿避让雨水、污水管道，一般路段管廊顶覆土厚度按5～7m考虑，遇重力管道横穿支管及部分相交管廊进行下凹避让，管廊覆土厚度达到8～10m。

5. 附属构筑物设计

本工程主要包括通风口、吊装口、逃生口、管线分支口、变电所、管廊交叉口及人员出入口等6类附属构筑物，以上节点尽量采用合建的方式进行布置。

综合节点：两个综合节点之间距离按小于400m控制。为减少管廊不规则节点的数量，增加标准段的长度，综合管廊将各类口部整合集中设置，通风口、吊装口、逃生口及配控室功能融合，结构共建。同时通风口高出地面500mm，避免雨水倒灌（图12-15）。吊装口按12.5m长设置。

图 12-15　通风口示意图

人员出入口：为了方便管理、检修人员出入，本工程2km左右设置一处人员出入口。人员出入口设置一道防护密闭门，防护密闭门向外开启，并结合平时使用要求设置，战时关闭（图12-16）。人员出入口凸出地面部分进行建筑设计，使其与周围环境协调。

图 12-16　翻盖式人员出入口示意图

管线分支口：综合管廊在路口采用支廊出线。地块位置考虑建筑退界及道路红线相关问题，尽量减少地块出线并采用直埋套管出线。为方便热力管线与管线综合衔接，同时避免路口分支管廊过大，热力管线采用直埋出线。路口支廊与相交道路管线衔接时，与管线综合一一对应，尽量避免管线绕行，造成路口检查井过多的情况。

12.2.5 结构设计

（1）技术标准。

①结构安全等级：一级。

②设计使用年限：100 年。

③结构重要性系数：1.1。

④抗震设防标准：抗震设防烈度为 8 度半，设计基本地震加速度值为 $0.30g$。场综合管廊按乙类建筑物进行抗震设计，抗震等级为二级。

⑤人防等级：甲类六级。

⑥防水等级：二级；结构混凝土抗渗等级：P8。

⑦钢筋混凝土结构的裂缝控制等级：三级；最大裂缝宽度限值：0.20mm。

⑧环境类别：管廊外侧二 b 类，内侧二 a 类。

⑨混凝土保护层厚度：地下结构迎土面 50mm，内侧面 40mm。

⑩标准冻深：0.6m。

⑪地基基础设计等级：乙级。

⑫综合管廊结构抗浮按最不利情况进行抗浮稳定验算。一般段管廊抗浮设计等级为乙级，施工期抗浮稳定安全系数为 1.00，使用期抗浮稳定安全系数为 1.05；河道段抗浮设计等级为甲级，施工期抗浮稳定安全系数为 1.05，使用期抗浮稳定安全系数为 1.10。

⑬主要荷载标准。

地面荷载：汽车荷载等级为城-A 级。

人群荷载：按 4kPa 计算。

管线及设备荷载：按照入廊管线实际考虑，动力设备考虑动力系数。

人防荷载：主体承载力按人防工程"甲类 6 级"荷载。

（2）本项目采用现浇施工工艺。

（3）防水：综合管廊工程防水应以结构自防水为主，外防水为辅，设计方案应结合本地区已建管廊的防水经验充分考虑防水效果、经济性及施工的便捷性。防水材料比选见表 12-7。

表 12-7 防水材料比选表

材料种类	改性沥青防水卷材	高分子防水材料（TPO）	喷涂速凝涂料
防水原理	在主体结构迎水面形成包裹，通过组织水分与混凝土结构接触，达到防水效果	在主体结构迎水面形成包裹，通过组织水分与混凝土结构接触，达到防水效果	喷涂涂料与空气中的湿气接触后固化，在基层表面形成一层坚韧的无接缝整体防护膜
耐久性	易腐蚀老化	耐腐蚀性较好	耐腐蚀性较好

续表

材料种类	改性沥青防水卷材	高分子防水材料（TPO）	喷涂速凝涂料
环保	卷材内含有挥发性物质，热熔过程释放少量有毒气体	较环保	较环保
施工效率	工序较多	工序较多	工序少，效率高
防水效果	防水层易被破坏，易脱离结构，较难长期保证防水效果	防水层强度较高，与结构粘贴紧密，容易达到二级防水要求	防水层强度较高，与结构粘贴紧密，更适应结构断面变化，在阴阳角、接口处的防水可密贴结构基面
造价	适中	较高	适中

本项目防水方案如下：

①顶板。顶板采用 2.5mm 厚喷涂速凝橡胶沥青防水涂料＋隔离层＋70mm 厚 C20细石混凝土保护层。隔离层采用 4mm 厚 PE 泡沫卷材。

②侧墙。采用 2.5mm 厚喷涂速凝橡胶沥青防水涂料；保护层采用 20mm 厚喷泡聚氨酯防水保护层。

③底板。采用 1.5mm 厚预铺式 TPO 高分子卷材。

（4）根据电力公司要求，本项目电力通信支架采用传统后锚固支架，支架表面进行热浸镀锌＋复合涂层处理。

结构标准断面防水示意如图 12-17 所示。

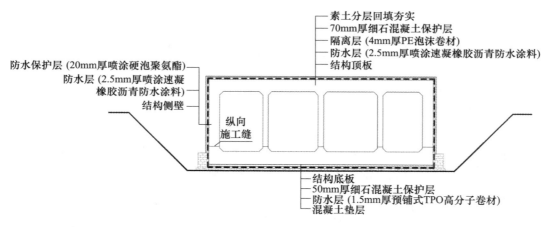

图 12-17　结构标准断面防水示意图

12.2.6　基坑支护设计

1. 基坑支护设计标准

（1）本项目基坑根据《建筑基坑支护技术规程》（JGJ 120—2012）和河北省工程建设标准《建筑基坑工程技术规程》（DB 13（J）133—2012）。基坑深度大于 12m 为一级，基坑深度大于 6m 且小于等于 12m 为二级，基坑深度小于等于 6m 为三级，并按此等级对基坑稳定性及变形进行验算。基坑侧壁重要性系数 r 分别为 1.1、1.0 和 0.9。

（2）基坑支护设计使用年限不超过 1 年。

（3）基坑顶部 2m 范围内严禁超载，2m 范围外考虑活荷载 $q \leqslant 20kPa$。

（4）基坑支护结构承载能力及土体稳定性按承载能力极限状态采用基本组合进行计算，基本组合综合分项系数为 1.25；基坑支护结构及土体的变形按正常使用极限状态采用标准组合进行验算。

（5）基坑支护结构应满足基坑稳定要求，不产生倾覆、滑移和局部失稳，基坑底部不产生管涌、隆起，支撑系统不失稳；支护结构构件不发生强度破坏。支护体系应保证周边道路安全。

2. 基坑设计方案

由于本项目属于新开发区域，周边地势平坦，无地面及地下障碍物，原则上采用自然放坡的基坑形式。个别路段受建设时序的影响，对已经开工地块的段落采用下部钢板桩＋上部放坡的支护方式，以控制开挖上口不超出道路红线；对于同步开发地块的段落可考虑与地块同槽施工。基坑支护方案比选见表 12-8。

表 12-8　基坑支护方案比选表

项目	SMW 桩	钢板桩	水泥土重力墙	钻孔咬合桩	钻孔灌注桩
对地层的适用性	适用于软弱地层	适用于有一定自稳能力的地层	适用于软弱地层	适用于软弱地层，也可适用于有一定自稳能力的地层	适用于地下水位以上、有一定自稳能力的地层
围护结构效果	围护结构刚度较大、变形较小，基坑施工对邻近建筑与地下管线影响较小	围护结构刚度较小，变形稍大	围护结构刚度大、变形小	围护结构刚度大、变形小，基坑施工对邻近建筑与地下管线影响小	围护结构刚度大、变形小，基坑施工对邻近建筑与地下管线影响小
适用基坑深度	小于 10m	小于 8m	小于 5m	大于 10m	大于 10m
防水效果	施工质量易保证，沿墙体无接缝，止水效果好	止水效果一般	两桩间实施切割咬合，形成良好的整体连续结构，止水效果好	两桩间实施切割咬合，全套管的护孔方式保证了桩间紧密咬合，形成良好的整体连续结构	不起防水作用，需另外施工做止水帷幕
与永久结构结合情况	内插型钢回收，不考虑作为永久结构	可回收	作为永久结构的一部分受力	作为永久结构的一部分受力	作为永久结构的一部分受力
对环境的影响	无泥浆污染机械设备噪声低、无振动	无须排放泥浆，机械设备有噪声、有一定振动	无须排放泥浆，机械设备噪声低、无振动	无须排放泥浆，近于干法成孔，机械设备噪声低、无振动	产生泥浆和噪声，对环境造成一定的影响
设备要求	需专用大型设备	需专用小型设备	需专用大型设备	需专用小型设备	需专用小型设备
场地要求	大	小	大	小	小
工艺、难度	工艺成熟，难度小	工艺成熟，难度小	工艺成熟，难度小	工艺成熟，难度小	工艺成熟，难度小

续表

项目	SMW桩	钢板桩	水泥土重力墙	钻孔咬合桩	钻孔灌注桩
施工进度	一般	快	慢	快	一般
造价	一般	低	高	高	高（含止水帷幕）
结果	推荐	推荐（结合放坡使用）	不适用	不适用	不适用

3. 基坑回填要求

主体结构施工后及时回填基坑，回填材料要求：

（1）综合管廊两侧底面至40cm范围内回填中粗砂，压实度要求不小于95％，回填时对称回填。

（2）综合管廊顶以下范围内，采用6％灰土回填，回填时应两侧对称同时回填，人工分层碾压回填，分层压实厚度为250~300mm，压实度要求不小于95％。

（3）综合管廊顶两侧铺设三层6.0m宽土工格栅，预防回填土致地表不均匀沉降。

（4）综合管廊顶标高以上至道路清表线标高范围内回填按照路基专业回填要求回填。

12.2.7 附属设施设计

1. 消防系统

（1）综合管廊所有舱室沿线、通风口、逃生口、吊装口、设备间、控制中心通道设置手提式磷酸铵盐干粉灭火器，并在通风口、逃生口、吊装口、设备间、控制中心通道等节点处适当加密设置灭火器。灭火器的配置和数量按《建筑灭火器配置设计规范》（GB 50140—2005）的要求计算确定。

综合舱、电力舱及热力舱均每隔35m设置一处，每处设置2具。

（2）本次设计在容纳电力电缆的综合舱设置自动灭火系统，采用悬挂式超细干粉灭火装置，全淹没布置。超细干粉灭火剂颗粒粒径：按公安部《超细干粉灭火剂》（GA 578—2005）要求，干粉颗粒粒径90％以上不大于20μm。超细干粉灭火器用量计算方法参考《超细干粉自动灭火装置设计、施工及验收规范》（DB35/T 1153—2011）。

2. 排水系统

（1）综合管廊基本按每隔不大于200m设置建筑防火分区，沿管廊全长设置排水沟，横断面地坪以1％的坡度坡向排水沟，排水沟纵向坡度与综合管廊纵向坡度一致，但不小于2‰。

（2）集水坑的设置原则：各舱室原则上每个防火分区不少于一处，在每个分区最低点设集水坑，电力舱合用一个集水坑。一般舱室内采用潜水排污泵（$Q=25m^3/h$，$H=20m$，$N=3kW$），每处集水坑内设2台潜水排污泵，平时一用一备，事故时可2台同时用。

（3）分支管廊排水优先考虑采用0.3％纵坡引入主管廊排水系统，需避开雨水、污水主管进行下凹的分支管廊，独立设置集水坑及潜污泵排水。

3. 通风系统

（1）本项目电力舱、综合舱均采用机械进风、机械排风的纵向通风方式，管廊的防火区间约为200m，通风分区长度按400m划分。

（2）电力舱的正常风量按照 2 次/h 换气计算，事故通风按照 6 次/h 换气计算，并与按照电缆发热量计算所得的通风量进行比较，取大值。综合舱（不含电力电缆）正常通风量按照 2 次/h 换气计算，不考虑事故通风。

（3）每个风口处设电动风阀，处于"常开"状态。控制室能够远程控制电动风阀的开启或关闭。排风口处设单速排烟风机兼作普通排风机。由于事故发生风阀熔断后无法自动开启，需灭火或事故处理完后人员下到管廊内手动开启防火墙上的风阀进行事故后通风，存在安全隐患，所以所选风阀不设置熔断装置。

4. 监控与报警系统

本项目监控与报警系统由环境与附属设备监控系统、安防系统、通信系统、火灾报警系统、可燃气体探测报警系统、智能机器人巡检系统等组成。

根据雄安新区综合管廊智能化管理的要求，管廊智能化项目应接入新区"一中心四平台"，各类数据资源需要统筹汇聚到雄安新区块数据平台，视频数据需接入雄安新区视频—张网平台（图 12-18）。

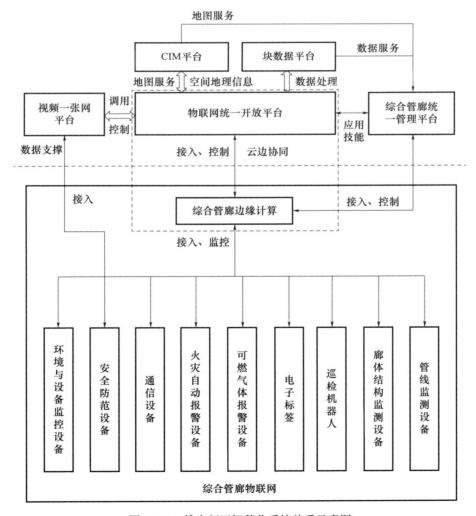

图 12-18　雄安新区智慧化系统关系示意图

5. 供电与照明系统

本项目综合管廊以防火分区作为配电单元。每个防火分区内的消防设备、监控与报警设备、事故风机和应急照明设备，天然气舱的监控与报警设备、管道紧急切断阀、事故风机按二级负荷，其他风机、排水泵、检修箱、一般照明等设备为三级负荷。

照明区域分为综合管廊内舱内照明、各夹层照明、人员出入口照明。各舱在人行通道上的平均照度不小于15lx，最低照度不小于5lx。出入口和设备操作处的局部照度可为100lx。同时应设置普通照明、备用照明和应急疏散照明。

6. 标识系统

综合管廊的主出入口内应设置综合管廊介绍牌，并应标明综合管廊建设时间、规模、容纳管线。综合管廊的设备旁边应设置设备铭牌，并应标明设备的名称、基本数据、使用方式及紧急联系电话。综合管廊内应设置"禁烟""注意碰头""注意脚下""禁止触摸""防坠落"等警示、警告标识。综合管廊内部应设置里程标识，交叉口处应设置方向标识。

12.2.8　注意事项

（1）本项目综合管廊布置于东侧机动车道下，与东侧地块地下空间开发应统筹考虑。原则上管廊基坑与地块地库基坑水平净距 L 大于2倍基坑底高差 h 时，采用放坡开挖形式，可减少围护造价。

（2）管线分支口采用直埋出线时，直埋排管及套管穿越道路段应同步实施，避免后期道路重复开挖。

（3）管线分支口采用支廊出线时，支管廊底板稍高或基本持平临近地块地库底板，考虑分支管廊晚于地块地库底板施工，采用放坡开挖形式，挖除分支管廊底板以上边坡土体。

参考文献

［1］ 中华人民共和国住房和城乡建设部．城市综合管廊工程技术规范：GB 50838—2015［S］．北京：中国计划出版社，2015.

［2］ 住房和城乡建设部．城市地下综合管廊建设规划技术导则（修订版）［EB/OL］．［2023-05-26］．https：//www. mohurd. gov. cn/gongkai/zhengce/zhengcefilelib/202306/20230605 _ 772517. html.

［3］ 中华人民共和国住房和城乡建设部．城市综合管廊国家建筑标准设计体系［EB/OL］．［2016-01-22］．https：//www. mohurd. gov. cn/gongkai/zhengce/zhengcefilelib/201602/20160205 _ 226594. html.

［4］ 曹彦龙．城市综合管廊工程设计［M］．北京：中国建筑工业出版社，2018.

［5］ 黎珍，尤英俊，杨光．综合管廊内天然气管道的安全性探讨［J］．煤气与热力，2016，36（11）：1-7.

［6］ 刘瑶，刘应明，邓仲梅．排水管线及天然气管线纳入综合管廊相关设计探讨［C］//中国城市规划学会，东莞市人民政府．持续发展　理性规划：2017中国城市规划年会论文集（03城市工程规划），2017：11.

［7］ 姜素云．入廊管线在管廊内的布局分析［C］//中冶建筑研究总院有限公司．2020年工业建筑学术交流会论文集（下册），2020：4.

［8］ 陆敏博，王新庆，王志红．城市综合管廊标准断面设计要点探讨［J］．给水排水，2016，52（8）：115-117.

［9］ 国家电网有限公司．国家电网有限公司十八项电网重大反事故措施（修订版）［EB/OL］．［2018-11-09］. https：//www. doc88. com/p-25629293413233. html.

［10］ 住房和城乡建设部．城市轨道沿线地区规划设计导则［EB/OL］．［2023-11-18］. https：//www. mohurd. gov. cn/gongkai/zhengce/zhengcefilelib/201512/20151210 _ 225899. html.

［11］ 崔龙飞，许大鹏．缆线型综合管廊设计要点探讨［J］．地下空间与工程学报，2019，15（3）：871-877.

［12］ 朱安邦．新型缆线管廊规划与设计要点探讨与思考［J］．市政技术，2022，40（8）：146-152.

［13］ 赵明，李东晋．城市综合管廊电气工程设计要点探讨［J］．现代建筑电气，2022，13（8）：1-5.

［14］ 朱安邦，刘应明，汪叶萍．深圳前海合作区综合管廊自动灭火系统比选［J］．中国给水排水，2018，34（18）：42-47.

［15］ 孟冲．综合管廊供配电系统设计［J］．智能建筑与智慧城市，2020（8）：122-123.

［16］ 河北雄安新区管理委员会．雄安新区物联网终端建设导则（综合管廊）［EB/OL］．［2020-12-28］. http：//www. xiongan. gov. cn/1210959746 _ 16097395867511n. pdf.

［17］ 范翔，武迪，韩宝平，等．综合管廊内排水对象分析及排水系统的选择［J］．给水排水，2018，54（2）：99-103.

［18］ 周小三，王立文，岳雷．热力管道对综合管廊及相关设备的技术要求［J］．煤气与热力，2017，37（3）：24-27.

［19］ 郑轶丽，谢鲁，曾小云．成都地下综合管廊复合型集约化总体设计［J］．中国给水排水，2019，35（2）：72-78.

[20]　中国工程建设标准化协会．城市地下综合管廊管线工程技术规程：T/CECS 532—2018［S］．北京：中国建筑工业出版社，2018.

[21]　中华人民共和国住房和城乡建设部．城市地下空间规划标准：GB/T 51358—2019［S］．北京：中国计划出版社，2019.

[22]　中华人民共和国住房和城乡建设部．石油化工厂区管线综合技术规范：GB 50542—2009［S］．北京：中国计划出版社，2009.

[23]　中华人民共和国住房和城乡建设部．城镇燃气设计规范（2020 年版）：GB 50028—2006［S］．北京：中国建筑工业出版社，2020.

[24]　中华人民共和国住房和城乡建设部．城镇供热管网设计标准：CJJ/T 34—2022［S］．北京：中国计划出版社，2022.

[25]　国家能源局．城市电力电缆线路设计技术规定：DL/T 5221—2016［S］．北京：中国电力出版社，2016.

[26]　国家电网公司．综合管廊电力舱设计技术导则：Q/GDW 11690—2017［S/OL］．［2018-02-12］．https：//www.doc88.com/p-2768708020534.html.

[27]　中华人民共和国住房和城乡建设部．电力工程电缆设计标准：GB 50217—2018［S］．北京：中国电力出版社，2018.

[28]　中国建筑标准设计研究院．综合管廊给水管道及排水设施：17GL301、17GL302［S］．北京：中国计划出版社，2017.

[29]　中华人民共和国住房和城乡建设部．通信线路工程设计规范：GB 51158—2015［S］．北京：中国计划出版社，2016.

[30]　中华人民共和国住房和城乡建设部．城市工程管线综合规划规范：GB 50289—2016［S］．北京：中国建筑工业出版社，2016.

[31]　中国标准化协会．综合管廊智能化巡检机器人通用技术标准：T/CAS 428—2020［S］．北京：中国标准出版社，2020.

[32]　中华人民共和国住房和城乡建设部．低压配电设计规范：GB 50054—2011［S］．北京：中国计划出版社，2012.

[33]　中华人民共和国住房和城乡建设部．20kV 及以下变电所设计规范：GB 50053—2013［S］．北京：中国计划出版社，2014.

[34]　中华人民共和国建设部．城市道路交叉口设计规程：CJJ 152—2010［S］．北京：中国建筑工业出版社，2011.

[35]　中华人民共和国住房和城乡建设部．建筑设计防火规范 2018 年版：GB 50016—2014［S］．北京：中国计划出版社，2014.

[36]　河北省住房和城乡建设厅．雄安新区地下空间消防安全技术标准：DB13（J）8330—2019［S］．北京：中国建筑工业出版社，2020.

[37]　中华人民共和国住房和城乡建设部．混凝土结构耐久性设计标准：GB/T 50476—2019［S］．北京：中国建筑工业出版社，2019.

[38]　中华人民共和国住房和城乡建设部．建筑与市政工程防水通用规范：GB/T 55030—2022［S］．北京：中国建筑工业出版社，2022.

[39]　中华人民共和国住房和城乡建设部．建筑基坑支护技术规程：JGJ 120—2012［S］．北京：中国建筑工业出版社，2012.

[40]　河北省住房和城乡建设厅．建筑基坑工程技术规程：DB13（J）133—2012［S］．北京：中国建筑工业出版社，2012.

[41]　中华人民共和国住房和城乡建设部．建筑与市政工程地下水控制技术规范：JGJ 111—2016

[S]．北京：中国建筑工业出版社，2017.

[42] 中华人民共和国住房和城乡建设部．建筑基坑工程监测技术标准：GB 50497—2019［S］．北京：中国计划出版社，2019.

[43] 中华人民共和国住房和城乡建设部．大型工程技术风险控制要点［EB/OL］．［2018-02-02］．https：//www. mohurd. gov. cn/gongkai/zhengce/zhengcefilelib/201802/20180228 _ 235247. html.

[44] 中华人民共和国住房和城乡建设部．消防应急照明和疏散指示系统技术标准：GB 51309—2018［S］．北京：中国计划出版社，2018.

[45] 中华人民共和国住房和城乡建设部．城镇综合管廊监控与报警系统工程技术标准：GB/T 51274—2017［S］．北京：中国计划出版社，2017.

[46] 中国市政工程协会．城市综合管廊监控中心设计标准：T/CMEA 13—2020［S］．北京：中国建筑工业出版社，2020.

[47] 中华人民共和国建设部．人民防空地下室设计规范：GB 50038—2005［S］．北京：国标图集出版社，2005.

[48] 河北省住房和城乡建设厅．城市综合管廊工程人民防空设计导则：DB13（J）/T 280—2018［S］．北京：中国建材工业出版社，2019.

[49] 中国雄安集团有限公司．中国雄安集团综合管廊工程设计指南（试行）.

[50] 中华人民共和国住房和城乡建设部．城市综合管廊工程投资估算指标：ZYA1-12（10）-2015［EB/OL］．［2015-06-15］．https：//www. mohurd. gov. cn/gongkai/zhengce/zhengcefilelib/201506/20150629 _ 222705. html.